21世纪高等学校计算机基础实用规划教材

Web前端开发技术
实验与实践
——HTML、CSS、JavaScript

储久良 编著

清华大学出版社
北京

内 容 简 介

本书是在作者从事教学研究和"Web 前端开发技术"课程教学的基础上,为了满足"Web 前端开发技术"课程实践教学的需要而编写的实验与实践教程。

本书分为上、下两篇。上篇为实验(课内实验),包括 HTML 基础(Web 前端开发环境配置、HTML 基本语法、文本格式化、列表、超链接、多媒体应用)、页面布局技术(CSS+DIV、表格、框架、表单)、JavaScript 基础(JavaScript 基本语法、程序结构、事件分析、DOM 与 BOM)、Web 前端开发工具 4 个部分,内含 12 次实验 36 个实验项目。下篇为实践(课程设计),包括高校网络课程网站、商业网站设计与开发 2 个典型案例和其他自选案例的介绍。

本书内容分布结构合理,实验项目设计由浅入深、循序渐进,实验步骤思路清晰、指导深入,实验项目切合实际,真实性强。可作为高等学校本科软件工程、计算机科学与技术以及相关专业"Web 前端开发技术基础"课程的实验与实践教材,也可作为高等学校相关专业的"网页设计与开发"、"网站建设/网页制作"等相关课程的实验与实践教材,同时也可作为从事 Web 开发相关工作的工程技术人员的参考书。

图书在版编目(CIP)数据

Web 前端开发技术实验与实践——HTML、CSS、JavaScript/储久良编著.--北京:清华大学出版社,2013
　21 世纪高等学校计算机基础实用规划教材
　ISBN 978-7-302-31839-2

　Ⅰ.①W…　Ⅱ.①储…　Ⅲ.①超文本标记语言-程序设计 ②网页制作工具-程序设计 ③JAVA
语言-程序设计　Ⅳ.①TP312 ②TP393.092

中国版本图书馆 CIP 数据核字(2013)第 066312 号

责任编辑:魏江江　李　晔
封面设计:傅瑞学
责任校对:白　蕾
责任印制:刘海龙

出版发行:清华大学出版社
　　　　　网　　　址:http://www.tup.com.cn,http://www.wqbook.com
　　　　　地　　　址:北京清华大学学研大厦 A 座　　　邮　　编:100084
　　　　　社 总 机:010-62770175　　　　　　　　　　　邮　　购:010-62786544
　　　　　投稿与读者服务:010-62776969,c-service@tup.tsinghua.edu.cn
　　　　　质 量 反 馈:010-62772015,zhiliang@tup.tsinghua.edu.cn
　　　　　课 件 下 载:http://www.tup.com.cn,010-62795954
印 刷 者:北京市人民文学印刷厂
装 订 者:三河市李旗庄少明印装厂
经　　销:全国新华书店
开　　本:185mm×260mm　　　印　张:19.5　　　字　数:475 千字
版　　次:2013 年 6 月第 1 版　　　　　　　印　次:2013 年 6 月第 1 次印刷
印　　数:1~2000
定　　价:35.00 元

产品编号:051339-01

出 版 说 明

随着我国改革开放的进一步深化,高等教育也得到了快速发展,各地高校紧密结合地方经济建设发展需要,科学运用市场调节机制,加大了使用信息科学等现代科学技术提升、改造传统学科专业的投入力度,通过教育改革合理调整和配置了教育资源,优化了传统学科专业,积极为地方经济建设输送人才,为我国经济社会的快速、健康和可持续发展以及高等教育自身的改革发展做出了巨大贡献。但是,高等教育质量还需要进一步提高以适应经济社会发展的需要,不少高校的专业设置和结构不尽合理,教师队伍整体素质亟待提高,人才培养模式、教学内容和方法需要进一步转变,学生的实践能力和创新精神亟待加强。

教育部一直十分重视高等教育质量工作。2007 年 1 月,教育部下发了《关于实施高等学校本科教学质量与教学改革工程的意见》,计划实施"高等学校本科教学质量与教学改革工程(简称'质量工程')",通过专业结构调整、课程教材建设、实践教学改革、教学团队建设等多项内容,进一步深化高等学校教学改革,提高人才培养的能力和水平,更好地满足经济社会发展对高素质人才的需要。在贯彻和落实教育部"质量工程"的过程中,各地高校发挥师资力量强、办学经验丰富、教学资源充裕等优势,对其特色专业及特色课程(群)加以规划、整理和总结,更新教学内容、改革课程体系,建设了一大批内容新、体系新、方法新、手段新的特色课程。在此基础上,经教育部相关教学指导委员会专家的指导和建议,清华大学出版社在多个领域精选各高校的特色课程,分别规划出版系列教材,以配合"质量工程"的实施,满足各高校教学质量和教学改革的需要。

本系列教材立足于计算机公共课程领域,以公共基础课为主、专业基础课为辅,横向满足高校多层次教学的需要。在规划过程中体现了如下一些基本原则和特点。

(1)面向多层次、多学科专业,强调计算机在各专业中的应用。教材内容坚持基本理论适度,反映各层次对基本理论和原理的需求,同时加强实践和应用环节。

(2)反映教学需要,促进教学发展。教材要适应多样化的教学需要,正确把握教学内容和课程体系的改革方向,在选择教材内容和编写体系时注意体现素质教育、创新能力与实践能力的培养,为学生的知识、能力、素质协调发展创造条件。

(3)实施精品战略,突出重点,保证质量。规划教材把重点放在公共基础课和专业基础课的教材建设上;特别注意选择并安排一部分原来基础比较好的优秀教材或讲义修订再版,逐步形成精品教材;提倡并鼓励编写体现教学质量和教学改革成果的教材。

(4)主张一纲多本,合理配套。基础课和专业基础课教材配套,同一门课程可以有针对不同层次、面向不同专业的多本具有各自内容特点的教材。处理好教材统一性与多样化、基本教材与辅助教材、教学参考书,文字教材与软件教材的关系,实现教材系列资源配套。

（5）依靠专家，择优选用。在制定教材规划时依靠各课程专家在调查研究本课程教材建设现状的基础上提出规划选题。在落实主编人选时，要引入竞争机制，通过申报、评审确定主题。书稿完成后要认真实行审稿程序，确保出书质量。

繁荣教材出版事业，提高教材质量的关键是教师。建立一支高水平教材编写梯队才能保证教材的编写质量和建设力度，希望有志于教材建设的教师能够加入到我们的编写队伍中来。

21 世纪高等学校计算机基础实用规划教材

联系人：魏江江 weijj@tup. tsinghua. edu. cn

前　言

中国互联网络信息中心报告显示 2011 年我国网民规模达到 5.13 亿人,互联网普及率达到 38.3%,中国网站规模达到 229.6 万个。同时随着 Web 2.0 技术的迅速普及应用,我国互联网行业的发展呈现迅猛的增长势头。互联网行业对网站开发、设计制作的人才需求随之增加。在最近 5~10 年间,Web 前端开发工程师这一新颖的职业在国内乃至国际上已经受到高度重视,这方面的专业人才近些年来备受青睐。Web 前端开发在产品开发环节中的作用变得越来越重要,所以培养具有扎实功底的 Web 前端开发人才任重道远,而开发用于培养 Web 前端开发技术高端的实验与实践教材也显得愈发重要。

目前国内外有关网站制作、网页设计与开发的教材很多,与之配套的实验与实践教材却非常缺乏,而符合互联网行业发展对网站建设与开发岗位要求的实验与实践教材则更少。本书正是编者从事多年教学改革课题研究和"Web 前端开发技术"课程教学的基础上,为满足"Web 前端开发技术"课程教学和互联网行业对 Web 前端开发工程师的需要而编写的实验与实践教材。

1. 本书特点

本书特点结合国内流行的 Web 前端开发工程师岗位需求,将岗位技能培养和专业知识学习融入到实验项目中去,实现在实践项目中掌握并灵活运用。全书根据 Web 前端开发工程师所必备知识与能力要求统筹规划了 12 次实验,精心设计了 36 个实验项目,实现了实验项目化、案例式驱动,提供近 3000 行源代码实例展示。合理编排实验内容,循序渐进,并将 CSS 技术贯穿所有实验项目,实现 HTML、CSS、DIV、JavaScript、DOM 完好地融会。通过真实案例深入剖析网页布局的思路和方法,启发式引导学生自主完成实验项目。

2. 主要内容

第 1 部分　HTML 基础

通过实验项目讲解 Web 前端开发环境的配置、HTML 基础语法、标记语法;介绍文本标记、段落与排版标记、列表及多媒体标记的应用。通过实验项目让学生掌握运用 HTML 标记如何设计出具有文字、图片、音乐、视频等多种媒体的网站。

第 2 部分　页面布局技术

通过实验项目讲解 CSS+DIV 在实际工程项目中应用,让学生学会对商业网站布局进行分析,并能借助 CSS+DIV 结构实现商业网站的仿真构建;将表格、框架、表单三大传统的页面布局技术与 CSS+DIV 页面布局技术组合在一起,让学生充分了解页面布局技术的发展过程,理解 CSS+DIV 布局技术在快速网站构建与网站重构中所起的作用,设计与开发出具有结构、表现相分离的高质量网站。

第 3 部分　JavaScript 基础

通过实验项目让学生掌握 JavaScript 基本语法、组成结构、程序结构、函数编程方式；熟练地运用 JavaScript 的 DOM 与 BOM 技术解决 Web 网站设计中用户互动页面的设计方法，结合 Internet 上真实商业网站的实例讲解，培养学生分析与解决实际工程问题的能力，设计与开发出具有结构与行为相分离的优秀网站。

第 4 部分　Web 前端开发工具

通过实验项目的方式介绍了常用 Web 前端开发工具的基本功能，让学生边实验边熟悉开发工具的功能与特点，掌握每种开发工具对网站设计与开发的作用。

第 5 部分　网站设计

以高校网络课程网站和商业网站（学术会议网站）为典型案例，详细介绍每类网站功能概况、网站页面布局分析、CSS＋DIV 结构设计、导航菜单设计技术以及网站各页面开发基本要素和设计步骤。列举一些中小型商业网站供学生参考与仿真设计。

3. 教学资源

（1）教材中提供了全套实验源代码。

（2）实验中所需的图片、文字、音视频素材。

（3）两个完整网站设计案例全套代码。

本书是编者主持的国家级、省级和校级教育教学改革课题的教学科研成果的结晶，作者在长期教学与科研工作中积累了丰富的教学与工程实践经验。全书由储久良规划、编著。

本书的编辑与出版得到清华大学出版社的大力支持与合作，在此谨表示衷心感谢。同时也感谢为本书出版付出辛苦劳动的各位同仁。

尽管在编写本书过程中经过多轮修改和校对，但是由于时间仓促、水平有限，书中的错误和不妥之处在所难免，敬请读者批评指正。编者的联系方式为 E-mail：jlchu@163.com 或与出版社联系。

编　者

2013 年 4 月

目　录

上篇　实验（课内练习）

第一部分　HTML 基础

第二部分　页面布局技术

第三部分　JavaScript 基础

第四部分　Web 前端开发工具

Ⅶ

下篇 实践(课程设计)

第五部分 网站设计

上篇　实验（课内练习）

第一部分
HTML 基础

实验一 Web 前端开发环境配置与 HTML 基础

【实验目标】

1. 了解 Web 前端开发工程师岗位需求和技术要求。
2. 了解 Web 前端开发技术基本组成。
3. 掌握 HTML 文档结构,学会编写简单的 HTML 程序。
4. 学会安装并使用常用 Web 前端开发工具(NotePad、EditPlus、TextPad 等)。

【实验内容】

1. 通过网络搜集有关 Web 前端开发工程师岗位需要和技术要求。
2. 学会安装并使用各种常用 Web 前端开发工具。
3. 学会安装各种 Web 浏览器软件,并熟知各种浏览器的功能与差异。
4. 掌握 EditPlus、NotePad、TextPad 等 HTML 集成开发环境软件的功能。
5. 学会使用 EditPlus、NotePad 等编辑软件编写简易 Web 网页程序。

【实验项目】

1. Web 前端开发环境配置。
2. 多种 URL 访问方式。
3. 使用 NotePad 编写网页。
4. 用 Editplus 自定义 HTML 模板。
5. body 标记属性使用。
6. HTML、CSS、JavaScript 三合一综合练习。

项目 1　Web 前端开发环境配置

1. 实验要求

(1) 熟悉各种常用 Web 前端开发工具的功能,了解软件安装需求。

(2) 熟悉各种常用 Web 浏览器功能与差异。

2. 实验内容

(1) 下载并安装常用的 Web 前端开发工具。

EditPlus 软件下载 URL:http://www. editplus. com/download. html。下载页面如图 1-1-1 所示,EditPlus 最新版本为 EditPlus Text Editor 3. 41 Evaluation Version(1. 81 MB),是英文版,用户可从 Internet 上下载中文版软件包进行安装。

TextPad 软件下载 URL:http://www. textpad. com/download/index. html。下载页面如图 1-1-2 所示,TextPad 官方网站上最新版本为 TextPad 6,可以从 Internet 上下载中

文版如 HA_TextPad473.exe 软件安装包,然后再进行安装。

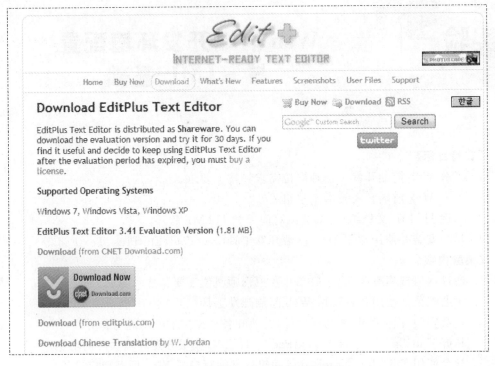

图 1-1-1　EditPlus 软件官网下载页面

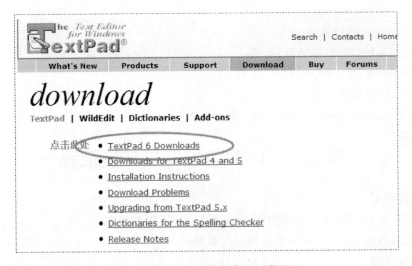

图 1-1-2　TextPad 软件官网下载页面

　　TopStyle 软件下载 URL:http://www.topstyle4.com/。下载页面如图 1-1-3 所示,下载的软件包为 TopStyle40.exe,双击后完成安装,用户也可以从 Internet 上下载中文版的软件进行安装并运行。

　　ColorImpact 是一个非常好的色彩选取工具,程序界面非常友好,提供多种色彩选取方式,支持屏幕直接取色,方便易用。软件下载 URL:http://www.tigercolor.com/Download/,

如图 1-1-4 所示，下载软件包名为 ColorImpactSetup. exe，双击后进行安装并运行。

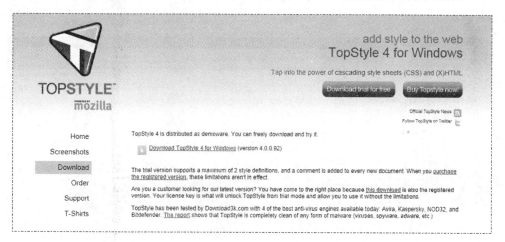

图 1-1-3　TextPad 软件官网下载页面

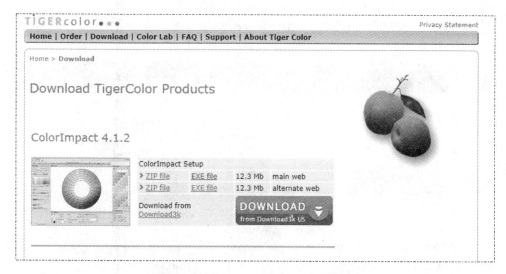

图 1-1-4　ColorImpact 软件官网下载页面

CSS3 Menu 是一款制作网页导航菜单的工具，并且能导出标准的 HTML＋CSS 文件。CSS3 Menu 能帮助 Web 程序开发人员方便、快速地创建一个导航菜单，只需点几下鼠标，选几种颜色，就可以制作导航菜单，软件下载 URL：http://css3menu. com/license. html，如图 1-1-5 所示，目前软件最新版本是 V3.1。

其他 Web 前端开发工具用户可根据需要进行下载和安装。

（2）下载并安装各种主流 Web 浏览器软件。

Mozilla Firefox 是由 Mozilla 基金会与开源团体共同开发的网页浏览器，软件下载 URL：http://firefox. com. cn/（官方中文网站）。下载页面如图 1-1-6 所示，下载软件安装包名为 Firefox-latest. exc，最新版本为 16.0.1，双击后进行安装并运行。

Google Chrome 软件下载 URL：http://www. google. cn/intl/zh-CN/chrome/

Web 前端开发环境配置与 HTML 基础

browser/。下载软件页面如图 1-1-7 所示,单击"下载 Chrome 浏览器"按钮开始下载,并安装运行。

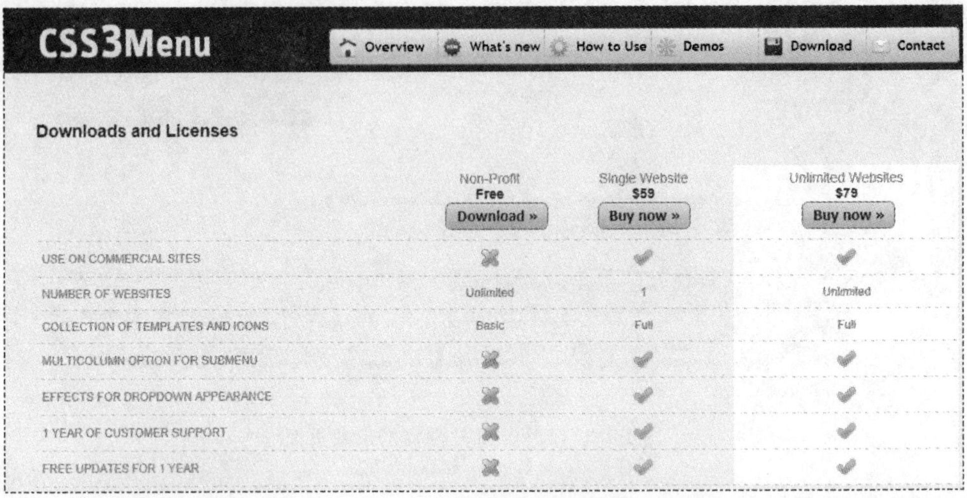

图 1-1-5　CSS3 Menu 软件官网下载页面

图 1-1-6　Firefox 软件官网下载页面

图 1-1-7　Chrome 软件官网下载页面

Internet Explorer 是微软公司推出的一款网页浏览器,也是使用最广泛的网页浏览器之一。软件下载 URL:http://windows.microsoft.com/zh-CN/internet-explorer/downloads/ie。最新版本是 IE 9.0,下载页面如图 1-1-8 所示,用户可根据自己的计算机配置选择安装相关版本的浏览器。

图 1-1-8　Internet Explorer 软件官网下载页面

3. 实验步骤

(1) 首先从指定的官方网站或 Internet 上下载相关软件包到本地磁盘上。

(2) 分别安装相关软件并熟悉软件功能。

(3) 尝试编写最简单的 HTML 程序。

(4) 编写常用开发工具软件的使用说明书。

项目 2　多种 URL 访问方式

1. 实验要求

(1) 掌握 URL 组成结构,并熟悉相关 Internet 服务类型(协议)。

(2) 学会访问不同类型的网络资源。

2. 实验内容

(1) 常用网站的访问。

百度搜索:http://www.baidu.com。

Google 搜索:http://www.google.com.hk。

IBM 中国网站:http://www.ibm.com/cn/zh/。

教育部:http://www.moe.edu.cn/。

(2) FTP 站点的访问。

北京邮电大学 FTP 站点:ftp://ftp.bupt.edu.cn/,如图 1-1-9 所示。

(3) 支持 SSL+HTTP 协议网站的访问。

图 1-1-9　北京邮电大学 FTP 站点

国家开发银行-学生在线服务系统：https://www.csls.cdb.com.cn/，如图 1-1-10 所示。

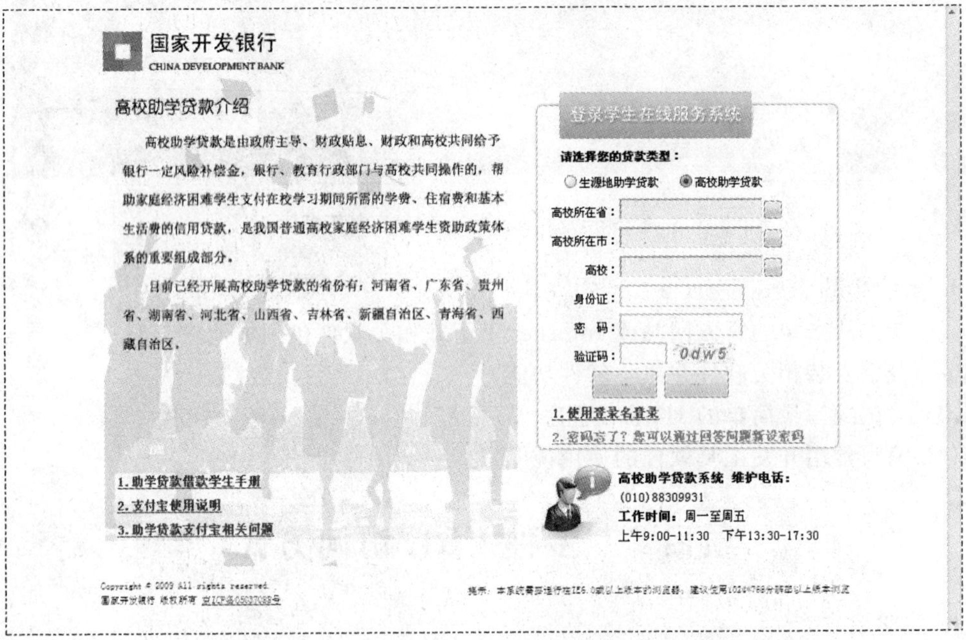

图 1-1-10　国家开发银行-学生在线服务系统网站

(4) 支持 telnet 协议网站的访问。

· 在 CMD 下输入 telnet bbs.ustc.edu.cn，可以登录中国科技大学瀚海星云站，如图 1-1-11 所示。

· 在 CMD 下输入 telnet bbs.pku.edu.cn，可以登录到北京大学 BBS，如图 1-1-12 所示。

3. 实验步骤

(1) 按上述实验内容分别进行实验并完成资源访问练习。

(2) 其他资源访问方式可自行练习。

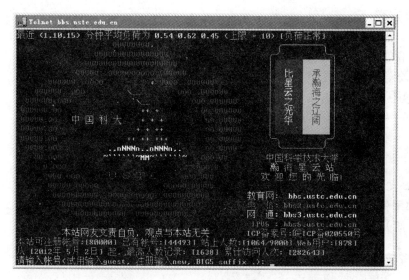

图 1-1-11　远程登录中国科技大学瀚海星云站界面

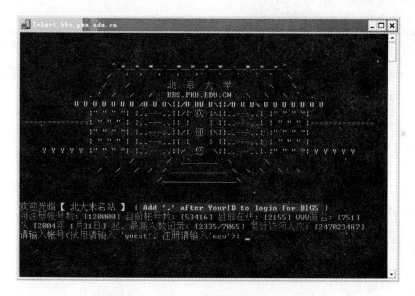

图 1-1-12　远程登录北京大学 BBS 站界面

项目 3　使用 NotePad 编写网页

1. 实验要求

（1）掌握 HTML 文档结构，学会编写简易的 HTML 文件。

（2）掌握 HTML 文件命名规范。

（3）学会使用 NotePad 编写 HTML 代码。

（4）学会使用 Web 浏览器查看网页设计效果。

Web 前端开发环境配置与 HTML 基础

2. 实验内容

（1）学会用记事本编写样例程序。

（2）学会使用 HTML 标记，如 head、body、title、p、hr 等标记。

（3）学会给 HTML 文件命名。

3. 实验中所需标记语法

（1）html 标记。

```
< html > … </html >
```

HTML 文档结构由头部 head 和主体 body 构成，head 与 body 两个标记均为双标记，由首标记和尾标记构成。

（2）头部 head 标记。

```
1   < head >
2       < title > New Document </title >
3       < meta name = "Generator" content = "EditPlus">
4       < meta name = "Author" content = "">
5       < meta name = "Keywords" content = "">
6       < meta name = "Description" content = "">
7       < style type = "text/css">
8           p{font - size:20px;color:#0066ff;}
9       </style >
10      < script type = "text/javascript">
11          <! --
12          function show(){
13              document.write("这是脚本代码");
14          }
15          // -->
16      </script >
17  </head >
```

head 标记中通常包含标题 title、样式 style、元信息 meta、脚本 script、链接 link 等标记，可根据网页设计需要添加相关标记或设置标记属性。

（3）主体 body 标记。

```
1   < body >
2       < center >
3           < h1 >1 号标题字</h1 >
4           < p >段落< br >段落</p >
5           < hr width = 200px >
6       </center >
7       < blockquote >段落缩进</blockquote >
8       < div id = "" class = "">
9           图层
10      </div >
11      < ul >
12          < li >无序列表项 1</li >
```

```
13        <li>无序列表项2</li>
14    </ul>
15    < form method = "post" action = "">
16        < input type = "text" name = "">
17    </form>
18    ...
19 </body>
```

body 标记是网页信息主要载体,通常可以包含段落 p、标题字 h♯、换行 br、表单 form、脚本 script、无序列表 ul、水平分隔线 hr、表格 table 等标记。

(4) 标题 title 标记。

```
<title>网页的标题</title>
```

(5) 段落 p 标记。

```
< p align = "center">这是一个段落</p>
```

(6) 水平分隔线 hr 标记。

```
< hr size = "3" color = "red" width = "80%" align = "center">
```

水平分隔线可以设置线的宽度、颜色、线粗细、对齐方式等属性。
属性说明:
color——水平线颜色,可用该颜色的英文名或十六进制数表示。
size——水平线粗细,单位 px。
width——水平线的宽度,单位 px,也可以百分比做单位,如 20%。
align——水平线的对齐方式(left|center|right)。

4. 编写代码

Web 页面效果如图 1-1-13 所示。

欢迎来到我的个人主页

我是计算机科学与技术系11软件班新生
学号：1109200199   姓名：李新

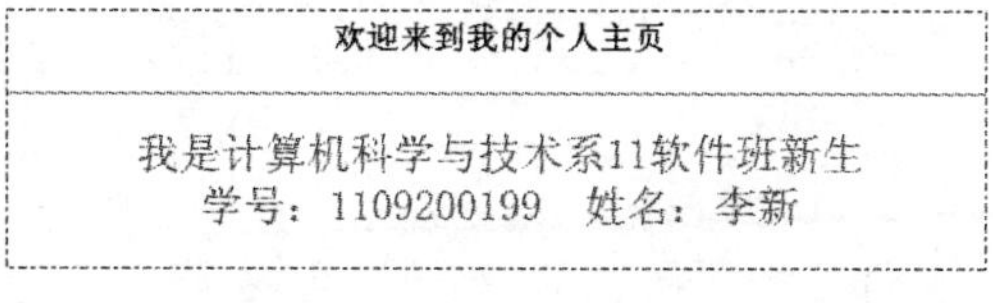

图 1-1-13   设计网页效果图

5. 实验步骤

(1) 新建文本文件,将文件名修改为"prj_1_3_notepad. html"。
(2) 用记事本打开上面新建的 html 文件。
(3) 将图 1-1-14 所示的代码输入到"记事本"中,并保存好。
(4) 用浏览器打开,查看网页效果,如图 1-1-13 所示。

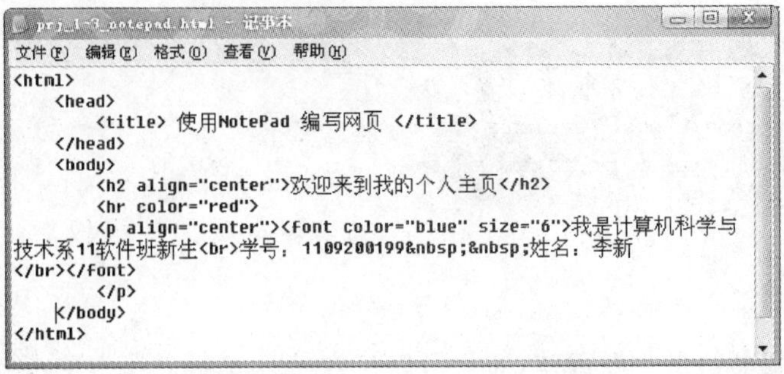

14

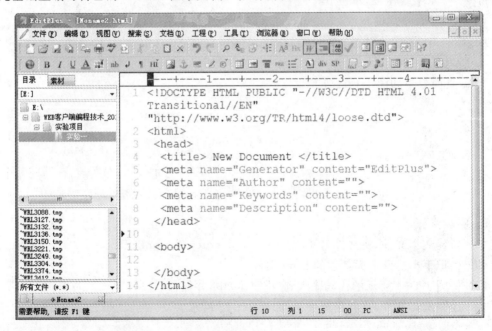

图 1-1-14　NotePad 编写 HTML 文件

项目 4　用 EditPlus 自定义 HTML 模板

1. 实验要求

（1）学会使用 EditPlus 软件编写 HTML 模板。

（2）学会加载用户自定义模板。

2. 实验内容

（1）学会用 EditPlus 软件直接修改默认的 HTML 模板 template. html。

（2）使用 EditPlus 自定义 HTML 模板，加载新建 HTML 模板，并使新模板生效。

3. 实验步骤

（1）加载默认 HTML 模板文档。

从菜单栏选择"文件"|"新建"|"HTML 网页"命令，EditPlus 会自动加载程序默认的"HTML 模板"，默认模板文件名"template. html"，其具体内容如图 1-1-15 所示，然后可以在此基础上编写自己的 HTML 程序文档。但有时需要定义符合自己格式的 HTML 初始

图 1-1-15　EditPlus 新建 HTML 文件默认代码窗口

化文档,需要进行自定义。

（2）查找默认 HTML 模板文件。

从菜单栏选择"工具"|"设置目录"命令,弹出如图 1-1-16 所示的"设置目录"对话框,单击"打开"按钮,进入程序安装目录,如图 1-1-17 所示。目录中有 templatex. html(XHTML 1.0 Transitional 默认加载模板)、template. java(java 类加载模板)、template. html(默认 HTML 加载模板)。

图 1-1-16　设置目录界面图

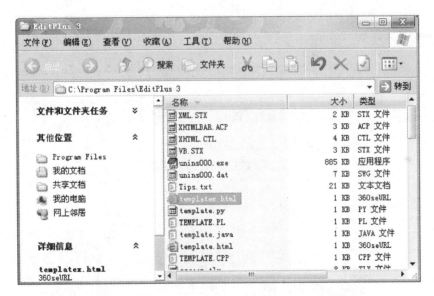

图 1-1-17　EditPlus 安装目录所含 HTML 模板文件界面

（3）修改默认的 HTML 模板文件。

进入 EditPlus 软件安装目录,用 EditPlus 软件直接打开 tempalte. html,然后进行修改,完成后保存并关闭软件,重新启动编辑器即可使用新修改的 HTML 模板。

（4）自定义 HTML 模板。

用 EditPlus 软件直接编写一个自定义模板,取名为"mytemplate. html",如图 1-1-18 所示,编辑完成后保存。

从菜单栏选择"工具"|"参数设置"命令,弹出"参数设置"对话框,如图 1-1-19 所示。然后选择"类别"中的"文件"|"模板"选项,右边显示系统中已经加载的 5 个模板,单击"添加"按钮,添加"新建模板"选项,此时"菜单文本"的文本框中将自动出现"新建模板",如图 1-1-20 所示。

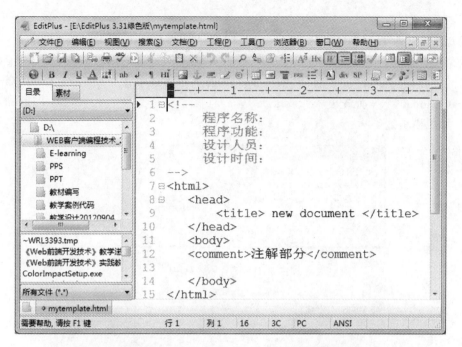

图 1-1-18　EditPlus 安装目录下自定义 HTML 模板文件界面

图 1-1-19　参数设置对话框界面

　　将"菜单文本"中"新建模板"修改成"My HTML 网页"后，单击"载入"按钮，此时在"模板"列表框中会自动添加"My HTML 网页"模板，如图 1-1-21 所示。

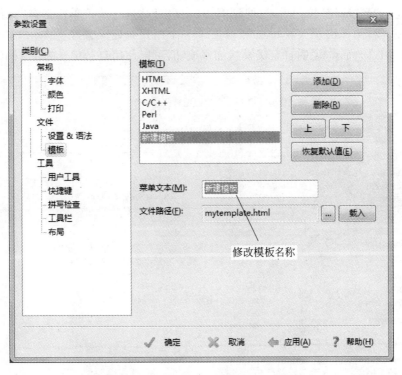

图 1-1-20　添加 HTML 模板文件界面

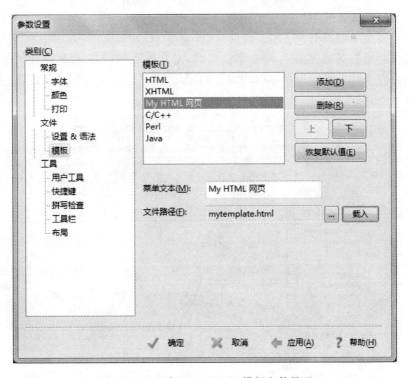

图 1-1-21　添加 My HTML 模板文件界面

Web 前端开发环境配置与 HTML 基础

单击"应用"和"确定"按钮后,返回到 EditPlus 编辑窗口,从菜单栏选择"文件"|"新建"命令,可见在其右侧弹出子菜单中已经增加了一个用户自定义新子菜单——"My HTML网页",如图 1-1-22 所示,说明自定义模板加载成功,可以使用自己定义的 HTML 模板。

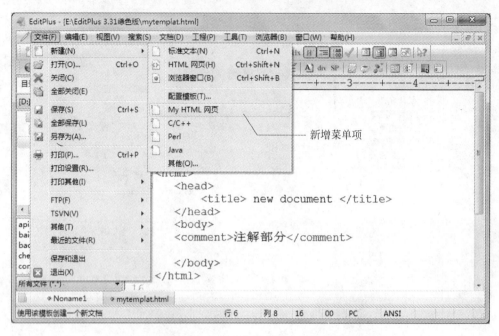

图 1-1-22   新建文档类型中增加 My HTML 网页模板

使用用户自定义的"My HTML 网页"模板新建 HTML 文档,如图 1-1-23 所示。用户可在自己定义的模板基础上编写 Web 页面代码,完成相关 HTML 代码设计任务,以后根据需要可以随时修改此模板。用户可以将自己的学号、姓名添加到自定义模板中,完成个性化模板的设计。

图 1-1-23   使用"My HTML 网页"模块的 Noname1.html

项目 5　body 标记属性使用

1. 实验要求

（1）掌握常用 body 标记属性设置方法。

（2）学会使用 body 属性设置网页。

2. 实验内容

（1）设置网页背景颜色和前景颜色。

（2）学会用 EditPlus 编辑器自定义一个 HTML 模板，然后通过参数设置，加载新 HTML 模板，并使新模板生效。

3. 实验中所需标记语法

主体 body 标记：

```
< body bgcolor = ♯556688 text = ♯ff5500 link = ♯112233 alink = ♯334455 vlink = ♯667788 >
```

属性说明：

bgcolor——背景色彩。

text——非可链接文字的颜色。

link——可链接文字的颜色。

alink——正被单击的可链接文字的颜色。

vlink——已经单击（访问）过的可链接文字的颜色。

无论是前景色还是背景色均可以使用颜色的英文名称或十六进制数表示，如 red、blue、green、……或♯556600、♯FFFFFF、♯0055FF 等。

用十六进制数表示颜色的方法：以"♯"开始，后面紧跟 6 个十六进制数，每个数位上的数符由 0～9、a～f（A～F）构成，两两一组，依次代表 3 种颜色红、绿、蓝。

4. 实验步骤

（1）通过自定义模板新建 HTML 框架。

（2）给 body 标记定义相关属性，实现页面前景、背景颜色的变化。

（3）在 body 标记中插入段落 p 标记，在段落 p 内添加文字和超链接，编写 HTML 代码实现如图 1-1-24 所示的效果，程序名为 prj_1_5_body. html。

添加超链接格式如下所示：

```
< a href = "http://www.firefox.com.cn/">火弧官方中文网站</a>
```

图 1-1-24　body 标记属性应用页面效果图

Web 前端开发环境配置与 HTML 基础

项目 6   **HTML、CSS、JavaScript 三合一综合练习**

1. 实验要求

(1) 掌握 HTML、CSS、JavaScript 每一种技术在网页设计方面的作用。

(2) 学会使用 3 种主流技术设计 Web 网页。

2. 实验内容

(1) 采用 CSS 对 h2 标记样式进行重新定义。

(2) 采用 Script 标记向浏览器窗口输出告警消息。

3. 实验中所需标记语法

(1) 样式 style 标记。

```
1   < style type = "text/css">
2       h2{
3           font - famliy:微软雅黑;        /*定义字体*/
4           font - size:8;              /*定义字号大小*/
5           color:red;                  /*定义字显示的颜色*/
6       }
7   </style>
```

在 style 标记中重新定义 h2 标记样式。

(2) 脚本 script 标记。

```
1   < script type = "text/javascript">
2       alert("计算机科学与技术专业就业前景好!");
3   </script>
```

在 script 标记中使用告警消息框 alert("内容")来输出信息,格式如下:

```
alert("输入消息内容");
```

(3) 标题字 h2 标记。

```
< h2 >欢迎来到我们的班级网站</h2 >
```

(4) 水平分隔线 hr 标记。

```
< hr color = "#33cc66">
```

(5) 段落 p 标记。

```
< p align = "center">这是我们开发的第一个网页</p>
```

4. 实验步骤

(1) 通过自定义模板新建 HTML 框架。

（2）在 head 标记中插入 style 标记，在 style 标记中定义 h2 标记样式。

（3）在 body 标记中插入 h2 标记，标记的内容为"欢迎来到我们的班级网站"。

（4）在 body 标记中再插入段落 p 标记，在段落 p 内添加内容为"这是我们开发的第一个网页"。

（5）在 body 标记中再插入脚本 script 标记，在 script 标记内插入告警消息框输出信息。

（6）编写 HTML 代码实现如图 1-1-25 所示的效果，文件名为 prj_1_6_html_css_javascript. html。

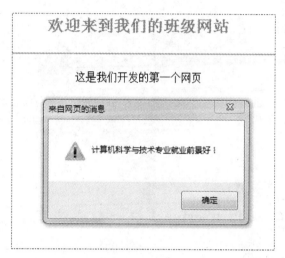

图 1-1-25　用 3 种技术组合编写 Web 网页效果图

程序代码清单

项目 3　使用 NotePad 编写网页 prj_1_3_notepad. html

```
1  <!-- 用记事本编写网页,文件名: prj_1_3_notepad. html -->
2  <html>
3    <head>
4      <title> 使用 NotePad 编写网页 </title>
5    </head>
6    <body>
7      <h2 align = "center">欢迎来到我的个人主页</h2>
8      <hr color = "red">
9      <p align = "center"><font color = "blue" size = "6">我是计算机科学与技术系 11 软
        件班新生<br>学号: 1109200199  姓名: 李新</br></font>
10     </p>
11   </body>
12 </html>
```

Web 前端开发环境配置与 HTML 基础

项目 5　**body 标记属性使用 prj_1_5_body. html**

```
1   <!--
2         程序名称：prj_1_5_body.html
3         程序功能：body 属性应用
4         设计人员：WEB 前端开发工程师
5         设计时间：2012.10.24
6   -->
7   <html>
8     <head>
9       <title> body 属性应用 </title>
10    </head>
11    <body bgcolor=#003399 text=#FFFFFF link=#FF0066 vlink=#660000 alink=#
66FF00>
12        <comment>主体内容</comment>
13        <p>    Mozilla Firefox 是由 Mozilla 基金会与开源团体共同开
发的网页浏览器，软件下载 URL：<a href="http://www.firefox.com.cn/">火弧官方中文网站</a>。
下载页面如图 6 所示,下载软件安装包名为 Firefox-latest.exe,最新版本为 16.0.1,双击后进行安
装并运行。</p>
14    </body>
15  </html>
```

项目 6　**HTML、CSS、JavaScript 三合一综合练习**

```
1   <!--
2         程序名称：prj_1_6_html_css_javascript.html
3         程序功能：三大技术组合实现网页
4         设计人员：WEB 前端开发工程师
5         设计时间：2012.10.24
6   -->
7   <html>
8     <head>
9       <title>我们的班级主页</title>
10      <style type="text/css">
11      h2{
12          font-famliy:微软雅黑;
13          font-size:24px;
14          color:red;
15      }
16      </style>
17    </head>
18    <body>
19      <h2 align="center">欢迎来到我们的班级网站    </h2>
20      <hr color="#33cc66">
21      <p align="center">这是我们开发的第一个网页</p>
22      <script type="text/javascript">
23          alert("计算机科学与技术专业就业前景好!");
24      </script>
25    </body>
26  </html>
```

注：本次实验所有项目的代码量为 53 行。

实验二 格式化文本
——文本、段落格式化与列表

【实验目标】

1. 掌握标题字、段落、物理和逻辑样式等标记的语法。
2. 了解列表基本类型，掌握无序列表、有序列表、定义列表的语法并学会使用。
3. 掌握文字段落排版的基本规则。
4. 能够完成文本型 Web 网面的设计。

【实验内容】

1. 标题字标记与段落标记的应用，文本段落的排版与应用。
2. 无序列表标记、属性语法与应用。
3. 有序列表标记、属性语法与应用。
4. 自定义列表标记、属性语法与应用。
5. 了解目录列表与菜单列表的应用方法。

【实验项目】

1. 文字与段落格式化。
2. 利用无序列表制作新闻列表。
3. 利用有序列表制作《大型分析仪器管理办法》。
4. 利用自定义列表制作章节目录。

项目 1   文字与段落格式化

1. 实验要求

（1）对网页中的文字进行格式化。

（2）对网页中的段落进行格式化。

2. 实验内容

（1）标题字的使用<h#></h#>。

（2）两种注释方式使用。

（3）物理样式、逻辑样式应用。

（4）字体、段落标记及标记属性应用。

3. 实验中所需标记语法

（1）标题字 h# 标记。

```
< h# align = "left|center|right|justify" >…</h#>
```

♯号表示数字 1~6，数字越大字越小，分别代表<h1>~<h6>，共 6 个标题字标记。

（2）段落 p 标记。

```
< p align = "right">…</p>
```

（3）文字 font 标记。

```
< font face = " " size = " " color = " " >...</font >
```

size 属性定义字号，取值为＋1~＋7 或－1~－7；数字越大字号越大。其中"＋"表示字号比原来的字号大一些，"－"表示字号比原来的字号小一些；属性 face 定义字体，取值为计算机中安装的字体的名称，可以同时赋多个字体名称，每个名称之间用逗号分隔；属性 color 设置字的颜色，取值可以是颜色的英文名称，也可以是十六进制数。

（4）空格与特殊符号。

向网页中添加空格和特殊符号可以使用 & 符号加上相应的英文单词的缩写，以分号结束，如"&copy；"表示版权，" ；"表示空格等，具体特殊符号如表 1-2-1 所示。

表 1-2-1　特殊符号一览表

显示结果	说　明	实　体　名　称	实　体　编　号
	显示一个空格	；	&♯160；
＜	小于	&lt；	&♯60；
＞	大于	&gt；	&♯62；
&	& 符号	&amp；	&♯38；
"	双引号	&quot；	&♯34；
©	版权	&copy；	&♯169；
®	注册商标	&reg；	&♯174；
×	乘号	&times；	&♯215；
÷	除号	&divide；	&♯247；

（5）水平分隔线 hr 标记。

```
< hr align = "center" color = "♯334455" width = "80%" size = "3">
```

（6）注释 comment 标记。

```
<!-- 注释内容　-->
< comment >注释内容</comment >
```

（7）文本标记。

HTML 为单独的词或者句子定义了两种样式：物理样式和逻辑样式。

物理样式（Physical Style）说明标签之间的文句的特定外貌，而逻辑样式（Logical Style）则按文本的意思显示文句的外貌。物理样式标记也称为字体样式元素或实体字符控制标记，因为它们为浏览器提供了特定的字体指令。各类网页开发工具中仍然有这类标记；逻辑样式标记指标记符本身只是表示了所修饰文字效果的逻辑含义，但并没有说明具体的物理效果,由浏览器自行决定显示样式,也称为基于内容的标记。具体物理样式标记如表 1-2-2 所示,具体逻辑样式标记如表 1-2-3 所示。

表 1-2-2　物理样式标记说明

标　记	说　明
\软件工程专业!\	黑体
\<i>软件工程专业!\</i>	斜体
\<big>软件工程专业!\</big>	变大字号
\<tt>软件工程专业!\</tt>	打字机字体
\^{软件工程专业!\}	上标
_{软件工程专业!\}	下标
\<s>软件工程专业!\</s>	加删除线(不赞成使用,del 代替)
\<strike>软件工程专业!\</strike>	加删除线(不赞成使用,del 代替)
\<small>软件工程专业!\</samll>	变小字号
\<u>软件工程专业!\</u>	下划线
\<del>软件工程专业! \</del>	删除线

表 1-2-3　逻辑样式标记说明

标　记	主　要　用　途
\<abbr>etc. \</abbr>	表示缩写
\<address>江苏省南京市\</address>	表示地址(address)
\<cite>软件工程!\</cite>	书名、影视名等的引用,斜体
\<code>软件工程!\</code>	计算机代码,显示固定宽度字体
\<dfn>软件工程!\</dfn>	定义一个词,通常为斜体
\软件工程!\	强调,通常为斜体
\<kbd>软件工程!\</kbd>	键盘输入,显示无格式的固定宽度字体
\<samp>软件工程!\</samp>	显示固定宽度字体
\软件工程!\	强调,显示黑体字符
\<var>变量\</var>	变量,显示斜体字符

(8)预排版 pre 标记。

```
<pre>…</pre>
```

(9)内容居中显示 center 标记。

```
<center>…</center>
```

4. 编程要求

编写代码实现如图 1-2-1 和图 1-2-2 所示的页面效果。

5. 实验步骤

(1)建立 HTML 文档框架。

格式化文本——文本、段落格式化与列表

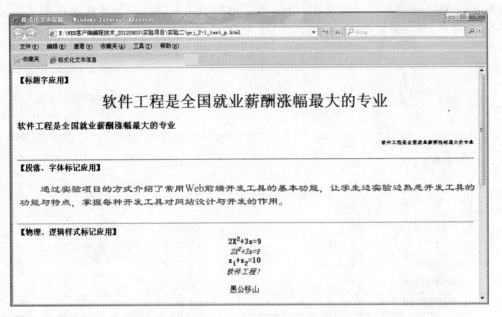

图 1-2-1　标题字、段落、字体标记应用页面效果图

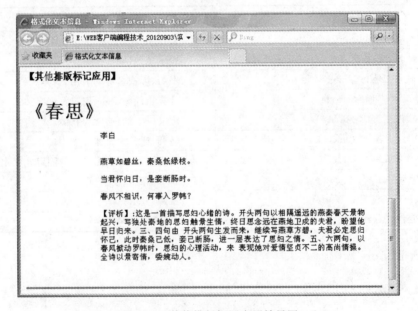

图 1-2-2　其他排版标记应用效果图

（2）在 HTML 文档 head 标记中插入 title 标记。

（3）在 body 标记中插入标题字标记，并应用属性实现居左、居中、居右对齐。

（4）在 body 标记中插入水平分隔线标记，并应用颜色属性改变水平线颜色。

（5）在 body 标记中插入物理样式、逻辑样式标记进行练习。分别插入段落标记、居中标记、段落缩进标记、上下标标记等。

项目 2 利用无序列表制作新闻列表

1. 实验要求

利用无序列表设计"163 新闻网"部分新闻版块,网易新闻版原效果图如图 1-2-3 所示,采用无序列表制作的新闻版块效果图如图 1-2-4 所示。

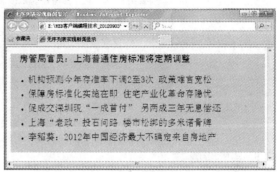

图 1-2-3 网易新闻部分版块截图   图 1-2-4 应用无序列表实现新闻版块

2. 实验中所需标记语法

(1) 无序列表 ul 标记。

```
1  < ul type = "disc">
2     <li type = "">列表项</li>
3     <li>列表项</li>
4     <li>列表项</li>
5  </ul>
```

(2) 图层 div 标记。

```
< div class = "container">…</div>
```

(3) 样式 styles 标记。

```
1  < style type = "text/css">
2     .first_line{font – size:22px;font – family:黑体;padding – left:20px;}
3     .container{width:600px;height:200px;background – color: #ccff99;}
4     ul{list – style – type:disc;font – size:22px;line – height:33px;color:blue;}
5  </style>
```

在 style 标记中定义第一行样式 first_line、ul、container、div 等样式。

3. 样式的应用

(1) 图层样式应用。

```
< div class = "container">…</div>
```

格式化文本——文本、段落格式化与列表

（2）首行段落样式应用。

```
<p class = "first_line">…</p>
```

4. 网易新闻文字样本

图 1-2-5 为网易新闻文字样本。

房管局官员：上海普通住房标准将定期调整

- 机构预测今年存准率下调 2 至 3 次 政策难言宽松
- 保障房标准化实施在即 住宅产业化革命存隐忧
- 促成交深圳现"一成首付"另两成三年无息偿还
- 上海"老政"投石问路 楼市松绑的多米诺骨牌
- 李稻葵：2012 年中国经济最大不确定来自房地产

图 1-2-5 新闻文字样本

5. 实验步骤

（1）建立 HTML 文档框架。

（2）在 HTML 文档<head>标记中插入样式 style 标记。

（3）在 style 标记中分别定义新闻首行样式 first_line、图层样式 container、无序列表样式 ul。

（4）在 body 标记中插入图层，并应用图层样式；插入段落并应用首行样式实现新闻首行效果；插入无序列表，并应用无序列表样式实现新闻导航。

项目 3 利用有序列表制作《大型分析仪器管理办法》

1. 实验要求

（1）利用有序列表标记制作《大型分析仪器管理办法》制度，如图 1-2-6 所示。

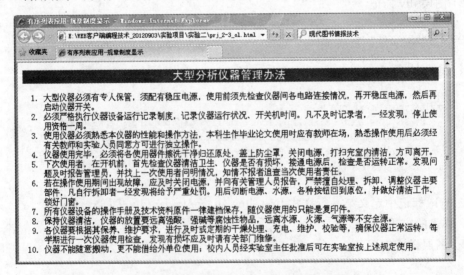

图 1-2-6 有序列表制作《大型分析仪器管理办法》

（2）使用相关标记实现管理办法标题居中显示,制度以条目化方式有序显示,序号为数字序列。

（3）学会使用<p>、<div>、<ol>等标记实现页面效果。

2．实验中所需标记语法

（1）有序列表 ol 标记。

```
1   < ol type = "A" start = "3">
2       < li type = "1" value = "5">列表项</li>
3       < li type = "" value = "">列表项</li>
4       < li type = "" value = "">列表项</li>
5   </ol>
```

（2）段落 p 标记。

```
<p>…</p>
```

（3）图层 div 标记。

```
< div class = "divrect" >…</div>
```

（4）样式 style 标记。

```
1   < style type = "text/css">
2       p{
3           font - size:22px;
4           font - family:黑体;
5           text - align:center;
6           background - color: #0000ff;
7           color: #ffffff;
8       }
9       .divrect{
10          width:900px;
11          height:500px;
12          background - color: #ffcc33;
13      }
14  </style>
```

在 style 标记中定义段落 p 标记样式和图层 div 的样式。

3．实验所需素材《大型分析仪器管理办法》

大型分析仪器管理办法

1. 大型仪器必须有专人保管,须配有稳压电源,使用前须先检查仪器间各电路连接情况,再开稳压电源,然后再启动仪器开关。

2. 必须严格执行仪器设备运行记录制度,记录仪器运行状况、开关机时间。凡不及时记录者,一经发现,停止使用资格一周。

3. 使用仪器必须熟悉本仪器的性能和操作方法,本科生作毕业论文使用时应有教师在场,熟悉操作使用后必须经有关教师和实验人员同意方可进行独立操作。

4. 仪器使用完毕,必须将各使用器件擦洗干净归还原处,盖上防尘罩,关闭电源,打扫完室内清洁,方可离开。

5. 下次使用者,在开机前,首先检查仪器清洁卫生、仪器是否有损坏,接通电源后,检查是否运转正常。发现问题及时报告管理员,并找上一次使用者问明情况,知情不报者追查当次使用者责任。

6. 若在操作使用期间出现故障,应及时关闭电源,并向有关管理人员报告,严禁擅自处理、拆卸、调整仪器主要部件,凡自行拆卸者一经发现将给予严重处罚。用后切断电源、水源,各种按钮回到原位,并做好清洁工作、锁好门窗。

7. 所有仪器设备的操作手册及技术资料原件一律建档保存,随仪器使用的只能是复印件。

8. 保持仪器清洁,仪器的放置要远离强酸、强碱等腐蚀性物品,远离水源、火源、气源等不安全源。

9. 各仪器要根据其保养、维护要求,进行及时或定期的干燥处理、充电、维护、校验等,确保仪器正常运转。每学期进行一次仪器使用检查,发现有损坏应及时请有关部门维修。

10. 仪器不能随意搬动,更不能借给外单位使用;校内人员经实验室主任批准后可在实验室按上述规定使用。

4. 实验步骤

(1) 建立 HTML 文档框架。

(2) 在 HTML 文档 head 标记中插入样式 style 标记。

(3) 在 style 标记中分别定义段落 p 标记样式和图层 divrect 样式。

(4) 在 body 标记中插入图层,在图层中插入段落标记和有序列表标记,实现管理制度显示。

5. 拓展与提高

(1) 如果要实现图 1-2-7 所示的页面效果,如何实现? 写出实现 HTML 代码。

(2) 如果将编号改为大写英文字母,如 A、B、C……程序代码如何修改?

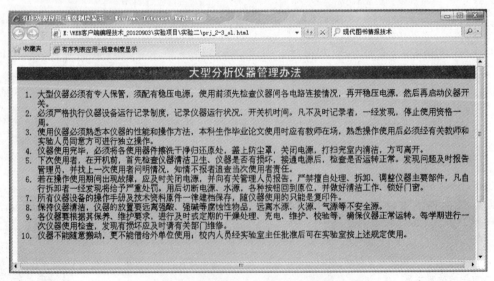

图 1-2-7　应用样式后《大型分析仪器管理办法》

项目 4　利用自定义列表制作章节目录

1. 实验要求

(1) 利用定义列表标记制作教材的部分章节目录，如图 1-2-8 所示。

(2) 使用 style 标记给字体、定义列表的上层项目 dt 标记定义样式。

(3) 学会给图层 div 标记定义样式。

2. 实验中所需标记语法

(1) 定义列表 dl 标记。

```
1  < dl >
2      < dt > … </dt >
3          < dd > … </dd >
4          < dd > … </dd >
5      < dt > … </dt >
6          < dd > … </dd >
7          < dd > … </dd >
8      < dt > … </dt >
9          < dd > … </dd >
10         < dd > … </dd >
11 </dl >
```

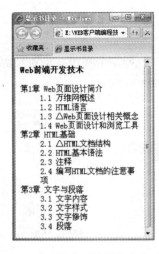

图 1-2-8　无样式时教材的章节目录

(2) 样式 style 标记。

```
1  < style type = "text/css" >
2      dt{
3          font - family: "黑体" ;
4          font - size: "20px" ;
5          color: "red";
6      }
7  </style >
```

(3) 图层 div 标记。

```
< div style = "width:60px;height:100px;background - color:＃ee3344" >…</div >
```

3. 教材的部分章节目录

教材部分章节基本文字素材如下：

第 1 章　Web 页面设计简介
　　1.1　万维网概述
　　1.2　HTML 语言
　　1.3　△Web 页面设计相关概念
　　1.4　Web 页面设计和浏览工具

第 2 章　HTML 基础
2.1　△HTML 文档结构
2.2　HTML 基本语法
2.3　注释
2.4　编写 HTML 文档的注意事项
第 3 章　文字与段落
3.1　文字内容
3.2　文字样式
3.3　文字修饰
3.4　段落

4. 使用 EditPlus 完成代码编写

（1）使用定义列表标记实现页面的效果如图 1-2-8 所示。

（2）使用图层 div 和样式标记在上题的程序基础上实现页面的效果如图 1-2-9 所示。

5. 实验步骤

（1）建立 HTML 文档框架。

（2）在 HTML 文档 head 标记中插入 style 标记。

（3）在 style 标记中定义列表中上层项目标记 dt 样式。

（4）在 body 标记中插入定义列表标记，制作教材的章节目录结构。

（5）将 body 内的所有元素统一放入图层中，使用图层的 style 属性定义样式或在样式表中定义 div 标记样式（图层的宽度、高度、背景颜色等属性），即可实现如图 1-2-9 所示的页面效果。

图 1-2-9　应用样式后教材的章节目录

程序代码清单

项目 1　文字与段落格式化 prj_2_1_text_p. html

```
1   <!-- 格式化文本信息 prj_2_1_text_p.html -->
2   <html>
3     <head>
4       <title> 格式化文本信息 </title>
5     </head>
6     <body>
7       <!-- 标题字应用  -->
8       <b>【标题字应用】</b>
9       <h1 align="center">软件工程是全国就业薪酬涨幅最大的专业</h1>
10      <h3 align="left">软件工程是全国就业薪酬涨幅最大的专业</h1>
11      <h6 align="right">软件工程是全国就业薪酬涨幅最大的专业</h1>
```

```
12          < hr color = " ♯ff3333">
13          <b>【段落、字体标记应用】</b>
14          < comment >段落、字体标记及属性应用</ comment >
15          < p >< font face = "隶书" size = "5"
color = "blue">     通过实验项目的方式介绍了常用 Web 前端开发工具的基
本功能,让学生边实验边熟悉开发工具的功能与特点,掌握每种开发工具对网站设计与开发的作用。
</ font ></ p >
16          < hr color = " ♯00cc66">
17          <b>【物理、逻辑样式标记应用】</b>< br >
18          < comment >物理与逻辑样式标记应用</ comment >
19          < center >
20              < b > 2X < sup > 2 </ sup > + 3x = 9 </ b >< br >
21              < i > 2X < sup > 2 </ sup > + 3x = 9 </ i >< br >
22              < b > x < sub > 1 </ sub > + x < sub > 2 </ sub > = 10 </ b >< br >
23              < em >软件工程!</ em >< br >
24              < blockquote >愚公移山</ blockquote >< br >
25              地址: < address >江苏省南京市珠江路 1924 号</ address >
26          </ center >
27          < hr color = " ♯33ffff" size = "3">
28          <b>【其他排版标记应用】</b>
29          < pre >
30      < h1 >《春思》</ h1 >
31      李白
32
33
34      燕草如碧丝,秦桑低绿枝。
35
36      当君怀归日,是妾断肠时。
37
38      春风不相识,何事入罗帏?
39
40      【评析】:这是一首描写思夫心绪的诗。开头两句以相隔遥远的燕秦春天景物
41      起兴,写独处秦地的思妇触景生情,终日思念远在燕地卫戍的夫君,盼望他早
42      日归来。三、四句由开头两句生发而来,继续写燕草方碧,夫君必定思归怀己,
43      此时秦桑已低,妾已断肠,进一层表达了思夫之情。五、六两句,以春风掀动罗
44      帏时思妇的心理活动,来表现她对爱情坚贞不二的高尚情操。全诗以景寄情,
45      委婉动人。
46          </ pre >
47          < hr color = " ♯ff00ff" size = "3">
48      </body >
49  </html>
```

项目 2   利用无序列表实现新闻列表 prj_2_2_ul. html

```
1   <!-- 无序列表应用 prj_2_2_ul.html -->
2   < html >
3    < head >
4     < title > 无序列表实现新闻显示 </ title >
5     < style type = "text/css">
6         .first_line{
7             font - size:22px;
```

```
 8              font - family:黑体;
 9              padding - left:20px;
10          }
11          .container{
12              width:600px;
13              height:200px;
14              background - color: #ccff99;
15          }
16          ul{
17              list - style - type:disc;
18              font - size:22px;
19              line - height:33px;c
20              olor:blue;
21          }
22      </style>
23  </head>
24      <body>
25          <div class = "container">
26              <p class = "first_line">房管局官员：上海普通住房标准将定期调整</p>
27              <ul>
28                  <li>机构预测今年存准率下调2至3次 政策难言宽松</li>
29                  <li>保障房标准化实施在即 住宅产业化革命存隐忧</li>
30                  <li>促成交深圳现"一成首付" 另两成三年无息偿还</li>
31                  <li>上海"老政"投石问路 楼市松绑的多米诺骨牌</li>
32                  <li>李稻葵：2012年中国经济最大不确定来自房地产</li>
33              </ul>
34          </div>
35      </body>
36  </html>
```

项目3　利用有序列表实现实验《大型分析仪器管理办法》
prj_2_3_ol. html

```
 1  <!-- 有序列表应用 prj_2_3_ol.html -->
 2  <html>
 3      <head>
 4          <title>有序列表应用 - 规章制度显示</title>
 5          <style type = "text/css">
 6              p{
 7                  font - size:22px;
 8                  font - family:黑体;
 9                  text - align:center;
10                  background - color: #0000ff;
11                  color: #ffffff;
12              }
13              .divrect{
14                  width:900px;
15                  height:500px;
16                  background - color: #ffcc33;
17              }
18          </style>
19      </head>
```

```
20        < body >
21           < div class = "divrect">
22              <p>大型分析仪器管理办法</p>
23              < ol type = "1" start = "1">
24                 <li>大型仪器必须有专人保管,须配有稳压电源,使用前须先检查仪器间各电
路连接情况,再开稳压电源,然后再启动仪器开关。</li>
25                 <li>必须严格执行仪器设备运行记录制度,记录仪器运行状况、开关机时间。
凡不及时记录者,一经发现,停止使用资格一周。</li>
26                 < li value = "3">使用仪器必须熟悉本仪器的性能和操作方法,本科生作毕业论
文使用时应有教师在场,熟悉操作使用后必须经有关教师和实验人员同意方可进行独立操作。</li>
27                 <li>仪器使用完毕,必须将各使用器件擦洗干净归还原处,盖上防尘罩,关闭
电源,打扫完室内清洁,方可离开。</li>
28                 <li>下次使用者,在开机前,首先检查仪器清洁卫生、仪器是否有损坏,接通电
源后,检查是否运转正常。发现问题及时报告管理员,并找上一次使用者问明情况,知情不报者追查
当次使用者责任。</li>
29                 <li>若在操作使用期间出现故障,应及时关闭电源,并向有关管理人员报告,
严禁擅自处理、拆卸、调整仪器主要部件,凡自行拆卸者一经发现将给予严重处罚。用后切断电源、
水源,各种按钮回到原位,并做好清洁工作、锁好门窗。</li>
30                 <li>所有仪器设备的操作手册及技术资料原件一律建档保存,随仪器使用的
只能是复印件。</li>
31                 <li>保持仪器清洁,仪器的放置要远离强酸、强碱等腐蚀性物品,远离水源、火
源、气源等不安全源。</li>
32                 <li>各仪器要根据其保养、维护要求,进行及时或定期的干燥处理、充电、维
护、校验等,确保仪器正常运转。每学期进行一次仪器使用检查,发现有损坏应及时请有关部门维
修。</li>
33                 <li>仪器不能随意搬动,更不能借给外单位使用;校内人员经实验室主任批
准后可在实验室按上述规定使用。</li>
34              </ol>
35           </div>
36        </body>
37 </html>
```

项目4 利用自定义列表制作章节目录

1. 实现如图 1-2-7 所示的效果的代码 prj_2_dl_4.html

```
1  <!-- 实验2—4定义列表实现书的目录 prj_2_4_dl.html -->
2  < html >
3     < head >
4        <title>显示书目录</title>
5     </head>
6     < body >
7        < b > Web 前端开发技术</b>
8        < dl >
9           <dt>第 1 章 Web 页面设计简介</dt>
10             <dd>1.1 万维网概述</dd>
11             <dd>1.2 HTML 语言</dd>
12             <dd>1.3 △Web 页面设计相关概念</dd>
13             <dd>1.4 Web 页面设计和浏览工具</dd>
14          <dt>第 2 章 HTML 基础</dt>
15             <dd>2.1 △HTML 文档结构</dd>
```

```
16                    <dd>2.2 HTML 基本语法</dd>
17                    <dd>2.3 注释</dd>
18                    <dd>2.4 编写 HTML 文档的注意事项</dd>
19               <dt>第 3 章 文字与段落</dt>
20                    <dd>3.1 文字内容</dd>
21                    <dd>3.2 文字样式</dd>
22                    <dd>3.3 文字修饰</dd>
23                    <dd>3.4 段落</dd>
24            </dl>
25       </body>
26  </html>
```

2. 实现如图 1-2-8 所示的效果的 HTML 代码 prj_2_dl_4_2.html

```
1   <!-- 实验 2—4 定义列表实现书的目录 prj_2_dl_4_2.html -->
2   <html>
3      <head>
4          <title> 书的章节目录显示 </title>
5          <style type = "text/css">
6          dt{font – family:黑体;
7          font – size:18;
8          color:#0033FF};
9          </style>
10     </head>
11     <body>
12         <div style = "width:300;height:400;background – color:#33CC99">
13             <b> Web 前端开发技术</b>
14             <dl>
15                 <dt>第 1 章 Web 页面设计简介</dt>
16                     <dd>1.1 万维网概述</dd>
17                     <dd>1.2 HTML 语言</dd>
18                     <dd>1.3 △Web 页面设计相关概念</dd>
19                     <dd>1.4 Web 页面设计和浏览工具</dd>
20                 <dt>第 2 章 HTML 基础</dt>
21                     <dd>2.1 △HTML 文档结构</dd>
22                     <dd>2.2 HTML 基本语法</dd>
23                     <dd>2.3 注释</dd>
24                     <dd>2.4 编写 HTML 文档的注意事项</dd>
25                 <dt>第 3 章 文字与段落</dt>
26                     <dd>3.1 文字内容</dd>
27                     <dd>3.2 文字样式</dd>
28                     <dd>3.3 文字修饰</dd>
29                     <dd>3.4 段落</dd>
30             </dl>
31         </div>
32     </body>
33  </html>
```

注：本次实验所有项目的代码量为 181 行。

实验三 格式化文本
——超链接与多媒体应用

【实验目标】

1. 掌握超链接的基本语法、属性语法，学会为网页添加各种超链接。
2. 掌握书签链接的语法和定义方法，学会使用书签链接设计 Web 页面。
3. 掌握 img 和 marquee 标记的定义及其常用属性的设置方法。
4. 掌握 bgsound 和 embed 标记的定义及常用属性的设置方法，为页面添加多媒体元素。

【实验内容】

1. 使用超链接制作网站导航条。
2. 使用无序列表制作网站导航条。
3. 使用书签制作帮助文档。
4. 使用背景音乐制作带有音乐的电子相册。
5. 使用多媒体标记制作带有音乐、视频、动画的网页。

【实验项目】

1. 网站导航的超链接设计。
2. 利用书签链接制作帮助文档。
3. 有背景音乐的电子相册制作。
4. 制作多媒体文件网页。

项目 1 网站导航的超链接设计

1. 实验要求

（1）打开 http://www.hao123.com 网站，编写代码实现网站中第一行导航的效果，如图 1-3-1 所示。

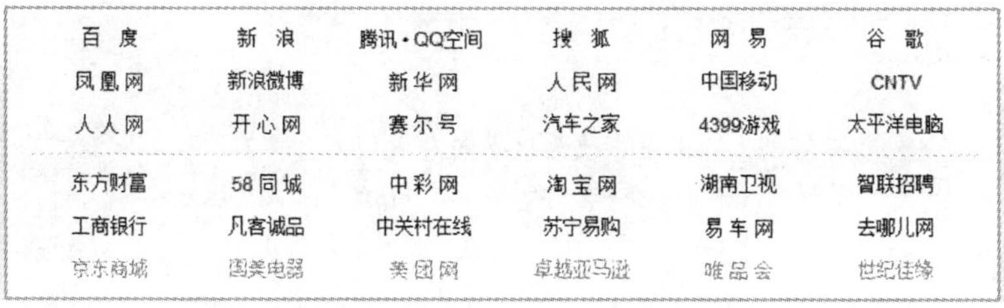

百 度	新 浪	腾讯·QQ空间	搜 狐	网 易	谷 歌
凤凰网	新浪微博	新华网	人民网	中国移动	CNTV
人人网	开心网	赛尔号	汽车之家	4399游戏	太平洋电脑
东方财富	58同城	中彩网	淘宝网	湖南卫视	智联招聘
工商银行	凡客诚品	中关村在线	苏宁易购	易车网	去哪儿网
京东商城	国美电器	美团网	卓越亚马逊	唯品会	世纪佳缘

图 1-3-1　hao123 部分链接截图

（2）第一行导航栏目中部分网站链接的 URL 如表 1-3-1 所示。

表 1-3-1　网页首行导航链接信息表

序　号	网站名称	URL
1	百度	http://www.baidu.com/
2	新浪	http://www.sina.com.cn/
3	腾讯	http://www.qq.com/
4	搜狐	http://www.sohu.com/
5	网易	http://www.163.com/
6	谷歌	http://www.google.com.hk/

2. 实验内容

（1）超链接应用。

（2）无序列表使用。

3. 实验中所需标记语法

（1）超链接 a 标记。

```
< a href = "" target = "" title = "">…</a>
```

（2）无序列表 ul 标记。

```
1  < ul type = "disc">
2      < li>…</li>
3      < li>…</li>
4  </ul>
```

（3）段落 p 标记。

```
< p>…</p>
```

（4）样式 style 标记。

```
1  < style type = "text/css ">
2      ul{
3          / * 去掉无序列表前面的符号 * /
4          list - style - type:none;
5          font - size:22px;
6          line - height:33px;
7      }
8      li{
9          / * 列表项排列方式由垂直改为水平向左 * /
10         float:left;
11     }
12 </style>
```

在 style 标记中定义了 ul、li 标记样式。无序列表 ul 标记样式中 list-style-type:none 的作用是去掉列表项前面的符号,而列表项样式中的"float:left"的作用是将默认垂直排列的列表项转换成水平排列的列表项。

4.编程要求

采用段落和无序列表方式分别实现网站导航,效果如图 1-3-2 所示。

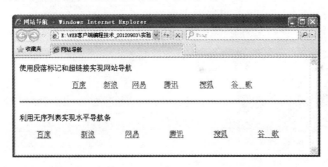

图 1-3-2　两种方式实现网站导航的效果图

5.实验步骤

(1) 建立 HTML 文档框架。

(2) 在 HTML 文档 head 标记中插入样式 style。

(3)在 style 标记中分别定义无序列表样式和列表项样式。

(4) 在 body 标记中用段落或无序列表与超链接相结合实现网站导航。

项目2　利用书签链接制作帮助文档

1.实验要求

利用书签链接制作类似 EditPlus 联机手册,如图 1-3-3 所示。

2.实验内容

(1) 超链接的应用。

(2) 书签的制作与应用。

(3) 图层的定义与使用。

(4) 无序列表定义与使用。

(5) 样式表初步应用。

(6) HTML 注释标记的使用。

3.实验中所需标记语法

(1) 超链接 a 标记。

```
< a name = "书签名称" href = "" target = "">链接内容</a>
```

(2) 样式 style 标记。

```
1   < style type = "text/css ">
2      .divarea{
3          width:600px; height:600px; text-align:center;
```

```
4        background-color:#6699ff; }
5    ul{ list-style-type:none; }
6  </style>
```

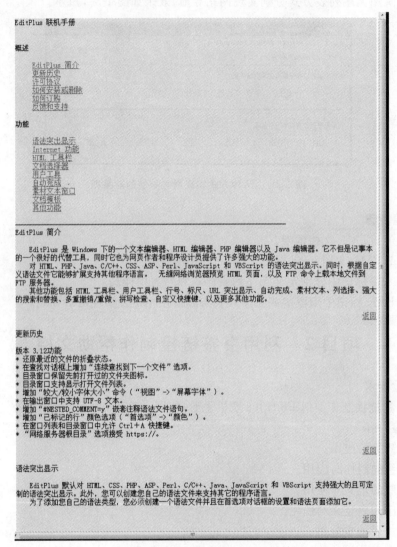

图 1-3-3　EditPlus 联机手册界面

在 style 标记中定义了 ul 标记样式和图层 div 的样式。

（3）无序列表 ul 标记。

```
1  <ul>
2    <li><a href="#bt21">语法突出显示</a><br></li>
3    <li><a href="#bt22">Internet 功能</a><br></li>
4    <li><a href="#bt23">HTML 工具栏</a><br></li>
5    <li><a href="#bt24">文档选择器</a><br></li>
6  </ul>
```

4. 制作 EditPlus 联机手册

通过超链接的 name 和 href 属性设置书签名和制作书签链接的方式来制作 EditPlus 联机帮助文档,分为两个步骤:

(1) 定义书签名称。

```
< a name = "书签名称" >超链接标题</a>
```

(2) 制作书签链接。

- 同一个页面内使用书签链接:

```
< a href = "♯书签名称" target = "窗口名称"></a>
```

- 不同页面之内使用书签链接

```
< a href = "url 地址 ♯ 书签名称" target = "窗口名称"></a>
```

利用书签制作 EditPlus 帮助文档,页面效果如图 1-3-3 所示。

5. 实验步骤

(1) 建立 HTML 文档框架。

(2) 在 HTML 文档 head 标记中插入样式 style。

(3) 在 style 标记中分别定义图层样式和无序列表样式。

(4) 在 body 标记中分别插入图层,在图层中插入无序列表,并在无序列表中插入超链接,用超链接建立书签和制作书签链接。

项目 3　有背景音乐的电子相册制作

1. 实验要求

(1) 利用超链接制作电子相册。

(2) 给电子相册增加背景音乐效果。

2. 实验内容

(1) 超链接的应用。

(2) 无序列表的使用。

(3) 图像标记的应用。

(4) 背景音乐的应用。

(5) 样式表定义与使用。

3. 实验中所需标记语法

(1) 超链接 a 标记。

```
< a href = "" title = "" target = "" >链接内容</a>
```

(2) 无序列表 ul 标记。

```
1    < ul type = "">
2        < li type = "">列表项</li>
```

```
3      <li>列表项</li>
4      <li>列表项</li>
5   </ul>
```

type 属性取值决定列表项前面的符号类型，其值有 3 种，分别是 disc ●、circle ○、square ■。

（3）图像 img 标记。

```
< img src = "url" width = "" height = "" alt = "" vspace = "" hspace = "" border = "" align = "">
```

（4）背景音乐 bgsound 标记。

```
< bgsound src = "trees/Sleep Away. mp3" loop = " - 1">
```

属性 loop 表示循环次数，其值为 -1 或 infinite，表示无限制播放，其他整数值表示播放指定次数。

4. 样式定义

（1）图层 divarea 样式。

```
.divarea{width:860px;margin:10px auto;text - align:center;
background - color: #003300;}
```

（2）相册 album 样式。

```
#album{list - style - type:none;font - size:12px;line - height:1em;}
```

（3）列表项标记 li 样式。

```
li{float:left;display:inline;width:60px;height:60px;margin:10px;}
```

（4）图像标记 img 样式。

```
img{border:0;width:100px;height:80px;vspace:10px;hspace:10px;}
```

（5）超链接 a 伪类样式。

```
a:link{color: #ccffff;text - decoration:none;}
a:visited{color: #0099ff;text - decoration:none;}
a:hover{color: #33cc66;text - decoration:underline;}
a:active{color: #ff0066;text - decoration:underline;}
```

5. 实验所需素材

在 trees 文件夹中提供一个 MP3 文件和 18 个 JPG 文件，编写页面文件时可以使用。

6. 实验步骤

（1）建立 HTML 文档框架。

（2）在 HTML 文档 head 标记中插入样式 style。

（3）在 style 标记中分别定义图层样式、无序列表样式、图像样式、超链接样式。

（4）在 body 标记中分别插入图层、无序列表和超链接，再插入背景音乐，完成代码设置，如图 1-3-4 所示；单击任一张图后，能够看到该图对应的大图，如图 1-3-5 所示，并可实现电子相册浏览。

图 1-3-4　有背景音乐的电子相册效果图

图 1-3-5　单击小图后看到大图

格式化文本——超链接与多媒体应用

使用无序列表和超链接制作电子相册,最关键的是设置超链接的 href 属性和超链接标题。超链接的 href 属性取值为真实图片文件,超链接标题取值是应用 img 标记样式后缩小的图片。

使用列表项设置超链接格式如下:

```
<li>< a href = "trees/t10.jpg" target = "_top">
< img src = "trees/t10.jpg"/>< br > T10 < br ></a></li>
```

项目 4 制作多媒体文件网页

1. 实验要求

(1) 利用 embed 标记为网页添加多媒体文件,实现效果如图 1-3-6 所示。

(2) 利用 marquee 标记实现网页滚动字幕的效果。

(3) 利用图层 div 标记对多媒体展示区域进行设置,图层样式为"高度为 250px、背景色为♯99cc00",效果如图 1-3-6 所示。

图 1-3-6 多媒体及滚动字幕网页设计效果

2. 实验内容

(1) 网页多媒体文件应用。

(2) 网页滚动字幕的实现。

(3) 段落与排版标记使用。

(4) 样式表定义与使用。

(5) 无序列表的使用。

3. 实验中所需标记语法

（1）无序列表 ul 标记。

```
1  < ul type = "">
2      < li type = "">列表项</li>
3      < li>列表项</li>
4      < li>列表项</li>
5  </ul>
```

（2）样式 style 标记。

```
1  < style type = "text/css">
2      ul{
3          /* 删除列表项前面有符号 */
4          list - style - type:none;
5      }
6      li{
7          /* 实现水平导航 */
8          float:left;
9          /* 设置边界为 20px */
10         margin:20px
11     }
12 </style>
```

（3）图层 div 标记。

```
< div style = "width:100px;height:200px;background - color:#999999">…</div>
```

（4）滚动文字 marquee 标记。

```
< marquee bgcolor = "#002255" direction = "up" behavior = "alternate" loop = "" width = "300"
height = "400" scrolldelay = "130" hspace = "40" vspace = "40" onmouseover = "this. stop()"
onMouseOut = "this. start()" >滚动文字</marquee>
```

属性说明：

bgcolor——滚动文字背景颜色。

direction——设置滚动方向(left/right/up/down)。

behavior——设置滚动方式(scroll/slide/alternate)。

scrollamount——设置滚动速度(px)。

scrolldelay——设置滚动延迟(ms)。

width/height——设置滚动范围。

hspace/vspace——设置滚动空白空间。

loop——设置滚动循环。

（5）多媒体文件应用 embed 标记。

```
< embed src = "" loop = "true|false" autostart = "true|false" width = "" height = ""  ></embed>
```

4. 本次实验的素材

（1）embed/0303. swf。

（2）embed/蔡琴明月几时有. mp3。

（3）embed/62. swf。

（4）歌词内容如下：

明月几时有？把酒问青天。

不知天上宫阙，今夕是何年。

我欲乘风归去，又恐琼楼玉宇，高处不胜寒，起舞弄清影，何似在人间。

转朱阁，低绮户，照无眠。

不应有恨，何事长向别时圆。

人有悲欢离合，月有阴晴圆缺，此事古难全。

但愿人长久，千里共婵娟。

5. 实验步骤

（1）建立 HTML 文档框架。

（2）在 HTML 文档 head 标记中插入样式 style。

（3）在 style 标记中分别定义无序列表样式、列表项样式。

（4）在 body 标记中插入分别 font 标记控制歌词的显示；再插入图层，并定义图层行内样式；在图层中插入无序列表，在列表项中插入多媒体文件。

（5）在 body 标记中插入滚动文字 marquee 标记，设置滚动文字标记属性实现向左交替滚动。

程序代码清单

项目1　网站导航的超链接设计 prj_3_1_a. html

```
1   <!-- 超链接与多媒体应用 prj_3_1_a.html -->
2   <html>
3     <head>
4       <title>网站导航</title>
5       <style type = "text/css">
6         ul{
7             list-style-type:none;
8         }
9         li{
10            float:left;
11            width:100px;
12        }
13      </style>
14    </head>
15    <body>
16      <!-- 使用段落标记和超链接实现网站导航 -->
17      <p>使用段落标记和超链接实现网站导航</p>
```

```
18          <center>
19              <p>
20              <a href = "http://www.baidu.com">百度</a>    
21              <a href = "http://www.sina.com.cn">新浪</a>   
22              <a href = "http://www.163.com">网易</a>    
23              <a href = "http://www.qq.com/">腾讯</a>    
24              <a href = "http://www.sohu.com">搜狐</a>    
25              <a href = "http://www.google.com.hk/">谷歌</a>
26              </p>
27          </center>
28          <!-- 利用无序列表实现水平导航条   -->
29          <hr algin = "center" size = "3" color = "#0066ff">
30          <p>利用无序列表实现水平导航条</p>
31          <ul>
32              <li><a href = "http://www.baidu.com">百度</a></li>
33              <li><a href = "http://www.sina.com.cn">新浪</a></li>
34              <li><a href = "http://www.163.com">网易</a></li>
35              <li><a href = "http://www.qq.com/">腾讯</a>
36              <li><a href = "http://www.sohu.com">搜狐</a></li>
37              <li><a href = "http://www.google.com.hk/">谷歌</a></li>
38          </ul>
39      </body>
40  </html>
```

项目 2 利用书签链接制作帮助文档 prj_3_2_a_name.html

```
1   <!-- 书签应用 prj_3_2_a_name.html   -->
2   <html>
3       <head>
4           <title> EditPlus 联机手册 </title>
5           <style type = "text/css">
6               .divarea{
7                   width:800px;
8                   height:600px;
9                   text-align:left;
10                  background-color:#6699ff;
11              }
12              ul{list-style-type:none;}
13          </style>
14      </head>
15      <body>
16          <div id = "" class = "divarea">
17              <p>EditPlus 联机手册</p><br>
18              <comment>概述</comment>
19              <a name = "bt1"><font face = "黑体">概述</font></a><br>
20              <ul>
21                  <li> <a href = "#bt11">EditPlus 简介</a><br></li>
22                  <li><a href = "#bt12">更新历史</a><br></li>
```

```
23            < li >< a href = " ♯ bt13">许可协议</a >< br ></li >
24            < li > < a href = " ♯ bt14">如何安装或删除</a >< br ></li >
25            < li > < a href = " ♯ bt15">如何订购</a >< br ></li >
26            < li > < a href = " ♯ bt16">反馈和支持</a >< br ></li >
27         </ul >
28         < comment >功能</comment >
29         < a name = "bt2">< font face = "黑体">功能</font ></a >< br >
30         < ul >
31            < li >< a href = " ♯ bt21">语法突出显示</a >< br ></li >
32            < li >< a href = " ♯ bt22"> Internet 功能</a >< br ></li >
33            < li >< a href = " ♯ bt23"> HTML 工具栏</a >< br ></li >
34            < li >< a href = " ♯ bt24">文档选择器</a >< br ></li >
35            < li >< a href = " ♯ bt25">用户工具</a >< br ></li >
36            < li >< a href = " ♯ bt26">自动完成</a >< br ></li >
37            < li >< a href = " ♯ bt27">素材文本窗口</a >< br ></li >
38            < li >< a href = " ♯ bt28">文档模板</a >< br ></li >
39            < li >< a href = " ♯ bt29">其他功能</a >< br ></li >
40         </ul >
41         < hr width = "600px" color = " ♯ 6633ff">
42         < a name = "bt11"> EditPlus 简介< a >
43            < p >         EditPlus 是 Windows 下的一个文本编辑器、HTML 编
辑器、PHP 编辑器以及 Java 编辑器。它不但是记事本的一个很好的代替工具,同时它也为网页作者
和程序设计员提供了许多强大的功能。< br >
44                    对 HTML、PHP、Java、C/C++、CSS、ASP、Perl、JavaScript 和
VBScript 的语法突出显示。同时,根据自定义语法文件它能够扩展支持其他程序语言。 
45            无缝网络浏览器预览 HTML 页面,以及 FTP 命令上载本地文件到 FTP 服务器。< br >
46                    其他功能包括 HTML 工具栏、用户工具栏、行号、标尺、URL
突出显示、自动完成、素材文本、列选择、强大的搜索和替换、多重撤销/重做、拼写检查、自定义快捷
键,以及更多其他功能。
47            </p >
48         < p align = "right">< a href = " ♯ bt1">返回</a >< br >< br ></p >
49         < a name = "bt12">更新历史</a >< br >
50         < p >版本 3.12 功能    < br >
51         * 还原最近的文件的折叠状态。< br >
52         * 在查找对话框上增加"连续查找到下一个文件"选项。 < br >
53         * 目录窗口保留先前打开过的文件夹图标。< br >
54         * 目录窗口支持显示打开文件列表。< br >
55         * 增加"较大/较小字体大小"命令("视图"->"屏幕字体")。< br >
56         * 在输出窗口中支持 UTF-8 文本。< br >
57         * 增加"♯ NESTED_COMMENT = y"嵌套注释语法文件语句。< br >
58         * 增加"已标记的行"颜色选项("首选项"->"颜色")。< br >
59         * 在窗口列表和目录窗口中允许 Ctrl + A 快捷键。< br >
60         * "网络服务器根目录"选项接受 https://。< br >
61         </p >
62         < p align = "right">< a href = " ♯ bt1">返回</a >< br >< br ></p >
63         < comment > bt21 书签</comment >
64         < a name = "bt21">语法突出显示</a >< br >
65            < p >         EditPlus 默认对 HTML、CSS、PHP、ASP、Perl、C/C++、
Java、JavaScript 和 VBScript 支持强大的且可定制的语法突出显示。此外,您可以创建您自己的语
法文件来支持其他的程序语言。< br >
```

```
66                为了添加您自己的语法类型,您必需创建一个语法文件
   并且在首选项对话框的设置和语法页面添加它。<br>
67            </p>
68            <p align = "right"><a href = "#bt1">返回</a><br><br></p>
69         </div>
70      </body>
71 </html>
```

项目3 有背景音乐电子相册的超链接制作 prj _ 3 _ 3 _ a _ img _ bgsound. html

```
1   <!-- 有背景音乐的电子相册 prj_3_3_a_img_bgsound.html   -->
2   <html>
3      <head>
4         <title>有背景音乐的电子相册 </title>
5         <style type = "text/css">
6            .divarea{
7               width:860px;
8               margin:10px auto;
9               text - align:center;
10              background - color: #003300;
11           }
12           #album{
13              list - style - type:none;
14              font - size:12px;
15              line - height:1;
16           }
17           li{
18              float:left;
19              display:inline;
20              width:60px;
21              height:60px;
22              margin:10px
23           }
24           img{
25              border:0;
26              width:100px;
27              height:80px;
28              vspace:10px;
29              hspace:10px;
30           }
31           a:link{
32              color: #ccffff;
33              text - decoration:none;
34           }
35           a:visited{
36              color: #0099ff;
37              text - decoration:none;
```

格式化文本——超链接与多媒体应用

```
38                    }
39              a:hover{
40                    color:#33cc66;
41                    text - decoration:underline;
42              }
43              a:active{
44                    color:#ff0066;
45                    text - decoration:underline;}
46        </style>
47    </head>
48    <body>
49        <bgsound src = "trees/Sleep Away.mp3" loop = " - 1">
50        <div class = "divarea">
51              <p><font face = "黑体" color = "#ff0033" size = "4">有背景音乐的电子相册</font></p>
52              <ul id = "album">
53                    <li><a href = "trees/t1.jpg"  target = "_top"><img src = "trees/t1.jpg" /><br>T1<br></a></li>
54                    <li><a href = "trees/t2.jpg" target = "_top"><img src = "trees/t2.jpg" /><br>T2<br></a></li>
55                    <li><a href = "trees/t3.jpg" target = "_top"><img src = "trees/t3.jpg" /><br>T3<br></a></li>
56                    <li><a href = "trees/t4.jpg" target = "_top"><img src = "trees/t4.jpg" /><br>T4<br></a></li>
57                    <li><a href = "trees/t5.jpg" target = "_top"><img src = "trees/t5.jpg" /><br>T5<br></a></li>
58                    <li><a href = "trees/t6.jpg" target = "_top"><img src = "trees/t6.jpg" /><br>T6<br></a></li>
59                    <li><a href = "trees/t7.jpg" target = "_top"><img src = "trees/t7.jpg" /><br>T7<br></a></li>
60                    <li><a href = "trees/t8.jpg" target = "_top"><img src = "trees/t8.jpg" /><br>T8<br></a></li>
61                    <li><a href = "trees/t9.jpg" target = "_top"><img src = "trees/t9.jpg" /><br>T9<br></a></li>
62                    <li><a href = "trees/t10.jpg" target = "_top"><img src = "trees/t10.jpg" /><br>T10<br></a></li>
63                    <li><a href = "trees/t11.jpg" target = "_top"><img src = "trees/t11.jpg" /><br>T11<br></a></li>
64                    <li><a href = "trees/p1.jpg" target = "_top"><img src = "trees/p1.jpg" /><br>P1<br></a></li>
65                    <li><a href = "trees/t13.jpg" target = "_top"><img src = "trees/t13.jpg" /><br>T13<br></a></li>
66                    <li><a href = "trees/t14.jpg" target = "_top"><img src = "trees/t14.jpg" /><br>T14<br></a></li>
67                    <li><a href = "trees/t15.jpg" target = "_top"><img src = "trees/t15.jpg" /><br>T15<br></a></li>
68                    <li><a href = "trees/t16.jpg" target = "_top"><img src = "trees/t16.jpg" /><br>T16<br></a></li>
69                    <li><a href = "trees/t17.jpg" target = "_top"><img src = "trees/t17.jpg" /><br>T17<br></a></li>
```

```
70            < li >< a href = "trees/t18. jpg" target = "_top" >< img src = "trees/t18.
jpg"/>< br > T18 < br ></a></li>
71            </ul >
72         </div >
73      </body >
74 </html >
```

项目 4　在网页中添加多媒体文件 prj_3_4_embed_marquee. html

```
1  <!-- 多媒体及背景音乐应用 prj_3_4_embed_marquee. html -->
2  < html >
3     < head >
4        <title>多媒体及滚动字幕应用</title>
5        < style type = "text/css" >
6           li{float:left;margin:20px}
7           ul{list - style - type:none;}
8        </style >
9     </head >
10    < body >
11       < center >
12          < font face = "黑体" size = "7">明月几时有</font >
13          < hr color = "blue" >
14          <!-- < bgsound src = "enbed/蔡琴明月几时有. mp3" loop = 1 > -->
15          < font face = "隶书" size = "3" color = "navy" >
16          明月几时有?把酒问青天。< br >
17          不知天上宫阙,今夕是何年。< br >
18          我欲乘风归去,又恐琼楼玉宇,< br >
19          高处不胜寒,起舞弄清影,何似在人间。< br >
20          转朱阁,低绮户,照无眠。< br >
21          不应有恨,何事长向别时圆。< br >
22          人有悲欢离合,月有阴晴圆缺,此事古难全。< br >
23          但愿人长久,千里共婵娟。< br >
24          </font >
25       </center >
26       < hr color = "red" >
27       < div style = "height = 250px;background - color:♯99cc00;algin:center" >
28          < ul
29             < li >< embed src = "embed/62. swf" loop = "true"></embed ></li>
30             < li >< embed src = "embed/蔡琴明月几时有. mp3" loop = ""width = "300"
height = "200"></embed ></li>
31             < li >< embed src = "embed/0303. swf" loop = "true" autostart = "true" width =
"300" height = "200"></embed ></li>
32          </ul >
33       </div >
34       < marquee behabior = "alternate" direction = "left" bgcolor = "♯3399ff" >欢迎来到
我的多媒体世界 </marquee >
35    </body >
36 </html >
```

注:本次实验所有项目的代码量为 221 行。

第二部分

页面布局技术

CSS＋DIV 基础

【实验目标】

1. 掌握 CSS 基本概念、CSS 类型及 4 种 CSS 样式定义的方法。
2. 理解 DIV 的概念。
3. 掌握 DIV 的属性设置方法。
4. 学会使用 CSS＋DIV 进行页面布局设计。

【实验内容】

1. 定义 4 种样式表，并学会引用。
2. 自定义外部样式表，并能在 Web 页面中导入或链入外部样式表。
3. 使用 CSS＋DIV 完成简单的页面布局练习。
4. 区别 CSS 选择符类型，并能灵活运用各种选择符完成样式定义。
5. 能对常用的网页进行页面布局分析，并能够写出实现布局的 HTML 代码。

【实验项目】

1. CSS4 种样式的引用。
2. CSS＋DIV 页面布局设计（固定页面布局设计、弹性页面布局设计）。

项目 1   CSS 四种样式的引用

1. 实验要求

（1）理解样式表的优先级，学会定义 CSS 的 4 种样式表，并能对 Web 页面中文字、段落、图片等元素进行样式应用。

（2）掌握 DIV 的创建与属性设置。

（3）学会通过外部样式表给 DIV 定义样式，并在 Web 页面中正确引用它。

2. 实验内容

（1）定义内嵌样式表（行内样式表/内联样式表）。

（2）定义内部样式表。

（3）导入外部样式表。

（4）链入外部样式表。

3. 实验中所需标记语法

（1）图层 div 标记。

```
1   < div id = "div1" class = ""> … </div>
2   < div id = "" class = "div2" > … </div>
```

（2）链入样式 link 标记。

```
< link type = "text/css" rel = "stylesheet" href = "layout_link.css"/>
```

（3）图像 img 标记。

```
< img src = "bgimags2.jpg" alt = "花">
```

4. 4 种样式表的定义

（1）行内样式表。

行内样式表是通过标记的 style 属性来进行设置，行内样式表优先级最高，格式如下：

```
< div style = "background:♯ffff33;witdh:100 % ;height:100px;">
```

（2）内部样式表。

内部样式表是在 HTML 的 head 标记中通过 style 标记来定义的，具体格式如下：

```
1   < style type = "text/css">
2       body{background:♯66ffff;font - size:18px;}
3       /*类选择符*/
4       .div1{ width:100 % ;height:100px;background:♯99cc33;}
5       .p1{color:blue;font - size:32px;}
6   </style>
```

（3）链入外部样式表。

链入样式表通过 link 标记的 href 属性加载外部样式表文件，样式表文件名必须带后缀. css，否则不能加载，同时对 type、rel 属性进行设置，格式如下：

```
< link type = "text/css" rel = "stylesheet" href = "layout_link.css"/>
```

（4）导入外部样式表。

```
1   < style type = "text/css">
2       /* -- 以下是导入样式,必须放在样式表的第 1 行 */
3       @import url("layout_import.css");
4   </style>
```

导入样式表通过"@import url(样式表文件名)；"，格式中@与 import 必须连在一起写，两者之间不能有空格，并以分号结束，否则也不能加载外部样式文件。格式如代码中第 3 行所示。

导入样式表与链入样式表均需要外部样式文件，其代码格式如下：

```
1   /* layout_import.css */
2   /*定义层的样式*/
3   .div3{
```

```
4        background:#88EE00;
5        width:100%;
6        height:100px;
7        color:yellow;
8    }
9    /* 定义段落样式 */
10   .p3{
11       font-size:30px;
12       font-weight:bold;
13   }
```

在编写外部样式表文件时，不要使用 style 标记。直接通过各种选择符和声明来完成样式的定义，具体格式如代码中第 3 行～第 8 行所示。

4 种 CSS 样式表的优先级顺序从高到低分别为：行内样式→ID 样式→类样式→标记样式。在定义各种样式表时，如果属性定义没有冲突，所定义的样式全部生效，否则将按照优先级顺序生效（就近生效原则）。

5. 页面设计要求

（1）主程序为 prj_4_4_div_css_4.html。

（2）使用 DIV 来进行页面布局。采用 4 个图层分别表示一种 CSS 样式应用案例，第 1 个图层是内嵌样式表的应用；第 2 个图层是内部样式表的应用；第 3 个图层是导入样式表的应用；第 4 个图层是外链样式表的应用。第 4 个图层内有两个子图层，左右排列，左边显示图片，右边显示段落。

（3）页面设计效果如图 1-4-1 所示。

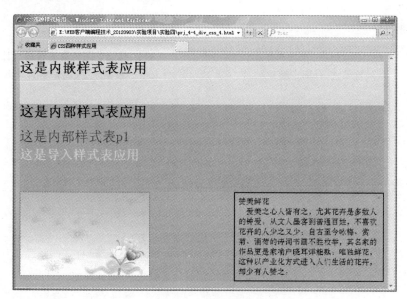

图 1-4-1　4 种 CSS 样式综合应用页面

6. 实验步骤

（1）建立 HTML 文档框架。

（2）在 HTML 文档 head 标记中插入样式 style。

（3）在 style 标记中插入导入样式表，然后再定义 body、图层、段落等内部样式。

（4）在 head 标记中插入链接标记，链入外链样式表。

（5）在 body 标记中插入 4 个图层，在每个图层中分别插入相关的段落、标题字和图片等元素。

（6）另外编写两个样式文件，文件名分别为 layout_link.css、layout_import.css，样式表文件参照后附的程序清单。

项目 2　CSS＋DIV 页面布局设计

1. 实验要求

（1）固定页面布局设计，用 CSS、DIV 实现如图 1-4-2 所示布局效果。

（2）参照如图 1-4-2 所示的布局设计，实现图 1-4-3 所示的页面布局效果。

（3）弹性页面布局设计，参照图 1-4-2 和图 1-4-3 的页面布局，实现如图 1-4-4 所示的页面布局设计。"弹性"是指宽度与高度的单位为百分比，而不是具体的数值。

图 1-4-2　CSS＋DIV 页面布局设计
效果之一（固定型）

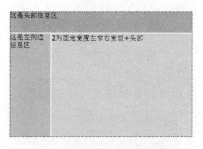

图 1-4-3　CSS＋DIV 页面布局设计
效果之二（固定型）

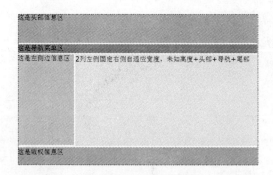

图 1-4-4　CSS＋DIV 页面布局设计效果之三（弹性界面）

2. 实验内容

（1）DIV 创建与 DIV 层叠。

（2）DIV 属性的设置与应用。

（3）DIV 样式引用方法。

（4）外部样式表的定义与引用(link)。

3. 实验中所需标记语法

（1）图层 div 标记。

```
1  < div id = "" class = "">   </div >
2  < div style = "position:absolute;left:10px;top:10px;width:100px;height:100px;
background:red">
3  </div >
```

（2）链接 link 标记。

```
< link type = "text/css" rel = "stylesheet" href = "外部样式表文件名称" />
```

（3）样式 style 标记。

```
1  < style type = " ">
2      @ import url("外部样式表文件名称");
3      td{font - size:12px;text - align:center;vertical - align:middle;}
4  </style >
```

在 style 标记中导入外部样式文件,同时也定义单元格 td 标记样式。

4. 页面结构分析及编程要求

目前的网站首页设计基本上采用 CSS＋DIV 结构进行页面布局。通常页面 DIV 结构如图 1-4-5 所示。

（1）HTML 文档结构。

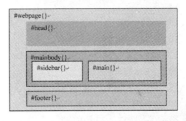

图 1-4-5　一般网页布局 DIV 结构图

```
1   < html >
2     < head >
3       < meta http - equiv = "Content - Type" content = "text/html; charset = utf - 8" />
4       < title >无标题文档</title >
5       < link href = "css.css" rel = "stylesheet" type = "text/css" />
6     </head >
7     < body >
8       ...
9     </body >
10  </html >
```

（2）图层布局。

HTML 代码中 DIV 结构如下:

```
1  < div id = "webpage"><! -- 页面层容器 -->
2      < div id = "head"><! -- 页面头部 --> </div >
3      < div id = "mainbody"><! -- 页面主体 -->
```

CSS＋DIV 基础

```
4        < div id = "sidebar"><! -- 侧边栏 --> </div>
5        < div id = "main"><! -- 主体内容 --> </div>
6     </div>
7     < div id = "footer"><! -- 页面底部 --> </div>
8  </div>
```

（3）编写外部样式表 css. css。

```
1  / * css.css * /
2  / * 基本信息 * /
3  body{
4       font:12px Tahoma;
5       margin:0px;
6       text - align:center;
7       background: # FFF;
8  }
9  / * 页面样式 * /
10 # webpage{width:100 % }
11 / * 页面头部样式 * /
12 # head {width:800px;margin:0 auto;height:100px;background: # FFCC99}
13 / * 页面主体样式 * /
14 # mainbody{
15 width:100 % ;
16 margin:8px auto;
17 }
18 # sidebar{
19      background: # 99cc33;
20      width:25 % ;               / * 设定宽度 * /
21      text - align:left;         / * 文字左对齐 * /
22      float:left;                / * 浮动居左 * /
23      clear:left;                / * 不允许左侧存在浮动 * /
24      overflow:hidden;           / * 超出宽度部分隐藏 * /
25 }
26 # main{
27      background: # 66ff66;
28      width:75 % ;
29      text - align:left;
30      float:right;               / * 浮动居右 * /
31      clear:right;               / * 不允许右侧存在浮动 * /
32      overflow:hidden;
33 }
34 / * 页面底部样式 * /
35 # footer{
36      width:800px;
37      margin:0 auto;
38      eight:50px;
39      background: # 00FFFF;
40 }
```

5. 实验步骤

（1）分别建立 prj_4_1_div_css_1.html、prj_4_2_div_css_1.html、prj_4_3_div_css_1.html 文档结构。

（2）在 head 标记中插入链接标记，链入外部样式表。

（3）分析图 1-4-2～图 1-4-4 所示的 DIV 结构，在 body 标记中插入相应的 DIV 结构代码。

（4）分别在不同的图层中插入相关提示信息。

（5）根据页面布局效果，分别对不同图层定义样式，编写独立样式文件，如 layout.css。

程序代码清单

项目 1　CSS 4 种样式的引用

1. 主程序文件 prj_4_4_div_css_4.html

```
1    <!-- CSS 4 种样式应用 prj_4_4_div_css_4.html -->
2    < html >
3       < head >
4          < title > CSS 4 种样式应用</title>
5          <!-- 以下是内部样式表 -->
6          < style type = "text/css">
7             /* -- 以下是导入样式表,必须放在样式表的第 1 行 */
8             @import url("layout_import.css");
9             body{
10                background:#66fffff;font-size:18px;}
11            .div1{                    /*类选择符*/
12                width:100%;
13                height:100px;
14                background:#99cc33;}
15            .p1{
16                color:blue;font-size:32px;
17            }
18         </style>
19         <!-- 以下是外部样式表 -->
20         < link type = "text/css" rel = "stylesheet" href = "layout_link.css"/>
21      </head >
22      < body >
23         <!-- 以下是应用行内样式表/内联样式表  -->
24         < div style = "background:#ffff33;witdh:100%;height:100px;">
25            < h1 >这是内嵌样式表应用</h1>
26         </div>
27         <!-- 以下是应用内部样式表 -->
28         < div id = "" class = "div1">
29            < h1 >这是内部样式表应用</h1>
30            < p class = "p1">这是内部样式表 p1 </p>
31         </div >
```

61

实验四

CSS+DIV 基础

```
32          <!-- 以下是应用导入样式表 -->
33          <div id = "" class = "div3">
34              <p class = "p3">这是导入样式表应用</p>
35          </div>
36          <!-- 以下是应用外部样式表 -->
37          <div id = "div4" class = "">
38              <div id = "div4_2" class = "">
39                  <img src = "bgimags2.jpg" alt = "花">
40              </div>
41              <div id = "div4_1" class = "">
42                  <p>赞美鲜花<br>爱美之心人皆有之,尤其花卉是多数人的钟爱。从文人墨
客到普通百姓,不喜欢花卉的人少之又少。自古至今咏梅、赏菊、诵荷的诗词书画不胜枚举,其名家
的作品更是家喻户晓耳熟能详。唯独鲜花,这种以产业化方式进入人们生活的花卉,却少有人赞之。
</p>
43              </div>
44          </div>
45      </body>
46 </html>
```

2. 导入样式表 layout_import.css

```
1  /* layout_import.css */
2  .div3{
3      background:#88EE00;
4      width:100%;
5      height:100px;
6      color:yellow;
7  }
8  .p3{
9      font-size:30px;
10     font-weight:bold;
11 }
```

3. 外部样式表 layout_link.css

```
1  /* layout_link.css 20120330 */
2  #div4{
3      background:#99ff00;
4      width:100%;
5      height:200px;
6      color:red;
7  }
8  img{
9      width:300px;
10     height:190px;
11     border:#ff00cc dotted 2px;
12 }
13 #div4_1{
14     float:right;
```

```
15      width:350px;
16      height;200px;
17      font - family:华文中宋;
18      padding:8px;
19      border: #ff00cc solid 2px;
20    }
21  #div4_2{
22      float:left;
23      width:300px;
24      height;200px;
25  }
```

项目 2　CSS＋DIV 页面布局设计

1. 固定页面布局设计

（1）主页面程序 prj_4_1_css_div_1. html：

```
1  <! -- CSS + DIV 基础页面布局设计之一 prj_4_1_div_css_1.html -->
2  < html >
3      < head >
4          < title >CSS + DIV 基础页面布局设计之一</title>
5          < link href = "layout. css" rel = "stylesheet" type = "text/css" />
6      </ head >
7      < body >
8          < div id = "container">
9              < div id = "header">这是头部信息区</div >
10             < div class = "clearfloat"></div >
11             < div id = "nav">这是导航信息区</div >
12             < div class = "clearfloat"></div >
13             < div id = "maincontent">
14                 < div id = "main">这是主体信息区</div >
15                 < div id = "side">这是右侧信息区</div >
16             </div >
17             < div class = "clearfloat"></div >
18             < div id = "footer">这是版权信息区</div >
19         </div >
20     </ body >
21  </ html >
```

（2）外部样式表文件 layout. css：

```
1  / *  layout. css 20120330 * /
2  img{border:0px;}
3  a{ color: #05a; text - decoration:none;}
4  a:hover { color: #f00;}
5  / * body * /
6  body{
```

```
7        margin:0 auto;
8        font - size:34px;
9        font - family:Verdana;
10       line - height:1.5em;}
11  # container {
12       width:900px;
13       margin:0 auto;}
14  / * header * /
15  # header{
16       height:70px;
17       background: # CCFFCC;
18       margin - bottom:8px;}
19  # nav {
20       height:30px;
21       background: # CCFFCC;
22       margin - bottom:8px;}
23  / * main * /
24  # maincontent {
25  margin - bottom:8px;}
26  # main {
27       float:left;
28       width:664px;
29       height:500px;
30       background: # FFFF99;}
31  # side{
32       float:right;
33       width:228px;
34       height:500px;
35  background: # FFCC99;}
36  / * footer * /
37  # footer{
38       height:70px;
39       background: # CCFFCC;}
40  .clearfloat {
41       clear:both; height:0;
42       font - size: 1px; line - height: 0px;
43  }
```

2. 固定页面布局设计

(1) 主页面程序 prj_4_2_div_css_2. html：

```
1  <! -- CSS + DIV 应用 prj_4_2_div_css_2. html -->
2  < html >
3      < head >
4          <title>2 列固定宽度左窄右宽型 + 头部</title>
5          < link href = "layout_2.css" rel = "stylesheet" type = "text/css" />
6      </head >
7      < body >
8          < div id = "container">
```

```
9            <div id = "header">这是头部信息区</div>
10           <div id = "mainContent">
11               <div id = "sidebar">这是左侧边信息区</div>
12               <div id = "content">2列固定宽度左窄右宽型 + 头部</div>
13           </div>
14        </div>
15      </body>
16  </html>
```

（2）外部样式表 layout_2.css：

```
1   / * layout_2.css * /
2   / * 2012 - 03 - 30 * /
3   body{
4       font - family:Verdana;
5       font - size:34px;
6       margin:0;}
7   # container{
8       margin:0 auto;
9       width:900px;}
10  # header{
11      height:100px;
12      background: # 6cf;
13      margin - bottom:5px;}
14  # mainContent{
15      margin - bottom:5px;}
16  # sidebar{
17      float:left;
18      width:200px;
19      height:500px;
20      background: # 9ff;}
21  # content{
22      float:right;
23      width:695px;
24      height:500px;
25      background: # cff;}
```

3. 弹性页面布局设计

（1）主程序文件 prj_4_3_css_div_3.html：

```
1   <! --   CSS_DIV 应用 prj_4_3_div_css_3.html -->
2   < html >
3       < head >
4           <title>2列左侧固定右侧自适应宽度,未知高度 + 头部 + 导航 + 尾部</title>
5           < link href = "layout_3.css" rel = "stylesheet" type = "text/css" />
6       </head>
7       < body >
8           < div id = "container">
9               < div id = "header">这是头部信息区</div>
```

```
10          < br class = "clearfloat" />
11          < div id = "menu">这是导航菜单区</div >
12          < br class = "clearfloat" />
13          < div id = "mainContent">
14              < div id = "sidebar">这是左侧边信息区< br />
15              < br/>< br/>< br/>< br/>< br/>< br/>< br/>< br/>< br/>< br/>
16              </div >
17              < div id = "content">2 列左侧固定右侧自适应宽度,未知高度 + 头部 + 导航 +
尾部< br />
18              < br/>< br/>< br/>< br/>< br/>< br/>< br/>< br/>< br/>
19              </div >
20          </div >
21          < br class = "clearfloat" />
22          < div id = "footer">
23              这是版权信息区< span style = "display:none"> < script language =
"javascript" type = "text/javascript" src = "http://js.users.51.la/1967272.js"></script >
</span >
24          </div >
25      </div >
26  </body >
27 </html >
```

（2）外部样式表 layout_3.css：

```
1  / * 2012 - 03 - 30 * /
2  body { font - family:Verdana; font - size:24px; margin:0;}
3  # container{
4      margin:0 auto;
5      width:100 % ;}
6  # header {
7      height:100px;
8      background: #9c6;
9      margin - bottom:5px;}
10 # menu {
11     height:30px;
12     background: #693;
13     margin - bottom:5px;}
14 # mainContent {margin - bottom:5px;}
15
16 # sidebar { float:left; width:200px; background: #cf9;}
17 # content {
18     margin - left:205px !important;
19     margin - left:202px;
20     height:auto !important;
21     height:100px;
22     background: #ffa;}
23 / * 当 content 设定高度后,3 像素会跑到 content 外侧,这样,我们用! important 修正在 ie 下向
左多浮动 2 像素,加上 3 像素的 bug 正好是 5 像素,所以在火狐和 IE 下显示是一样的 * /
24 # footer { height:60px; background: #9c6;}
25 .clearfloat { clear:both; height:0; font - size: 1px; line - height: 0px;}
```

注：本次实验所有项目的代码量为 231 行。

CSS＋DIV 高级应用

【实验目标】

1. 学会利用 CSS＋DIV 进行页面设计。

2. 掌握 CSS 中文字、排版、颜色、背景、列表等属性设置。

【实验内容】

1. 使用 CSS 给 DIV 定义样式来实现图层定位与布局。

2. 使用 CSS 盒模型的 MBPC(margin、border、padding、content)来精确定位网页元素，运用段落、文字、颜色和背景等 CSS 专有的属性进行页面精细加工。

3. 利用 DIV 的 float 属性来实现图层中多个子图层的水平排列。

4. 综合运用 CSS＋DIV 技术模拟真实网站进行网页仿真设计。

【实验项目】

1. 油画欣赏页面设计。

2. CERNET 华东北地区年会网站仿真构建。

项目 1　油画欣赏页面设计

1. 实验要求

在使用 CSS 定位页面元素时，通过设置元素的 margin(边界)、border(边框)、padding (填充)、content(内容)等相关属性，完成油画欣赏的页面设计，效果如图 1-5-1 所示。

2. 实验内容

(1) 创建 DIV，设置 DIV 的样式。

(2) 设置段落、图片、标题字、文字与排版等 CSS 属性。

(3) 给指定的 div、p、h3 应用特定的 CSS 样式。

(4) 掌握 margin、border、padding、content 等属性综合应用。

3. 实验中所需标记语法

(1) 图层 div 标记。

```
1   < div class = "div1"> < img src = "yh1.jpg" border = "0"></div>
2   < div class = "div2"> < img src = "yh3.jpg" border = "0"></div>
3   < div class = "div3"> < img src = "yh2.jpg" border = "0"></div>
```

图 1-5-1　油画欣赏页面效果图

（2）样式 style 标记。

```
1   < style type = "text/css">
2       body{
3           width:600px;
4           margin:0 auto;
5           font - family:Arial;
6           font - size:13px;
7       }
8       .div1,.div3{
9           padding:10px;
10          margin - left:20px;
11          margin - right:20px;
12          border: #f13c96 18px ridge;
13          float:left;                    /* 图层 1 和 3 向左浮动 */
14      }
15      .div2{
16          padding:10px;
17          margin - left:20px;
18          margin - right:20px;
19          border:  #ff3333 18px ridge;
20          float:left;                    /* 图层 2 向左浮动 */
21      }
22      h3{
23          text - align:center;
```

```
24          font:italic bolder 30px/2em 黑体;
25          background-color:#a5d1ff;          /* 标题的背景色 */
26          border:1px dotted #222222;          /* 标题边框 */
27      }
28      p{
29          text-indent:2em;                    /* 向右缩进 2 个字符 */
30          text-align:left;                    /* 左对齐 */
31          font:lighter 20px/1.3em 隶书;        /* 设置字体 */
32          text-transform:capitalize;          /* 英文单词首字母大写 */
33          text-decoration:underline;          /* 下划线 */
34      }
35  </style>
```

在 style 标记中定义 body、p、h3 标记样式和 3 个 div 样式。

4. 页面结构分析及编程要求

整个页面由 1 个标题、2 个段落、3 个图层构成,然后对页面中各个元素进行 CSS 属性设置,重点学会 margin、border、padding、content 等属性的综合设置。

5. 实验步骤

(1) 建立 prj_5_1_css_2. html 文档结构。

(2) 在 head 标记中插入内部样式表,分别定义 body、p、h2、3 个 div 的样式。

(3) 参照图 1-5-1 所示的效果进行页面布局设计,在 body 标记中插入 1 个 h3 标题字、2 个段落 p、3 个图层 div 等元素。

项目 2   CERNET 华东北地区年会网站仿真构建

1. 实验要求

(1) 综合运用所学的 HTML、CSS、DIV 等相关技术,模仿 http://it2012. sd. edu. cn 网站构建一个完整的"CERNET 华东北地区年会网站",如图 1-5-2 所示。

(2) 学会使用 4 种样式表分别对页面中文字、段落、图片等元素进行样式定义。

(3) 掌握 DIV 的创建与属性设置。

(4) 学会编写外部样式表文件,并正确地链入到 HTML 文档中。

2. 实验内容

(1) 定义内部样式表、外部样式表。

(2) 引用各种样式表。

(3) 定义图层和图层嵌套。

(4) 使用 CSS+DIV 布局技术完成网站仿真构建。

3. 实验中所需标记语法

(1) 图层 div 标记。

```
<div id="div1" class=""> … </div>
<div id="" class="div2" > … </div>
```

图 1-5-2　CERNET 华东北地区年会网站首页图

（2）链接 link 标记。

```
< link type = "text/css" rel = "stylesheet" href = "layout_link.css"/>
```

（3）样式 style 标记。

```
1   < style type = "text/css">
2       / * -- 以下是导入样式表,必须放在样式表的首行 * /
3       @ import url("layout_import.css");
4       # nav{background: # 209060;width:100 % ;line - height:40px;color: white;
    text - align:center;}
5   </style>
```

（4）无序列表 ul 标记。

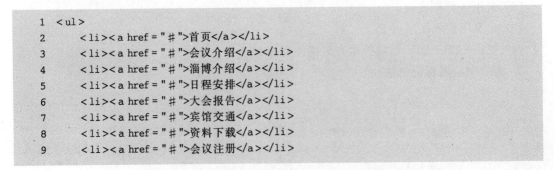

```
1   <ul>
2       <li><a href = " # ">首页</a></li>
3       <li><a href = " # ">会议介绍</a></li>
4       <li><a href = " # ">淄博介绍</a></li>
5       <li><a href = " # ">日程安排</a></li>
6       <li><a href = " # ">大会报告</a></li>
7       <li><a href = " # ">宾馆交通</a></li>
8       <li><a href = " # ">资料下载</a></li>
9       <li><a href = " # ">会议注册</a></li>
```

```
10      <li><a href = "#">联系我们</a></li>
11  </ul>
```

（5）表格 table 标记。

```
1  <table>
2      <tr>
3          <td><a href = "#">在线注册</a></td><td> </td>
4      </tr>
5      <tr>
6          <td><a href = "#">修改信息</a></td><td> </td>
7      </tr>
8  </table>
```

（6）浮动框架 iframe 标记。

```
< iframe id = "baidu" src = "http://it2012.sd.edu.cn/baidu.html" frameborder = 0 width = 200
height = 180 scrolling = "no"></iframe>
```

4. 页面设计要求

（1）主程序为 prj_5_2_div_css.html。

（2）分析页面布局，其结构如表 1-5-1 所示，将页面分成 header、nav menu、mianbody
（其中有两个左右分列的子层 mian 和 rightbar）、footer 等区域。

表 1-5-1   cernet 华东北地区年会网站布局图层分析表

header	
Nav menu	
main	rightbar
footer	

（3）用无序列表实现水平导航菜单。关键有两点：消除无序列表前面的符号，将默认
垂直排列的菜单转换成水平排列的菜单。

- 消除列表项前的符号，使用列表样式 ul{list-style-type:none;}。
- 实现菜单水平导航，使用列表项样式 li{float:left;}。

实现导航菜单均匀显示有两种方法：一是通过设置列表项的宽度、高度和文字居中实
现，在样式中追加这些属性值对，如"width:100px;text-align:center;font-size:16px;"；二
是通过设置每个列表项的边界（margin: 0 20px;）来实现，在样式中追加属性值对"margin:
0px 20px;"。

（4）图层浮动；图层 div 可以向左、向右浮动，设置方法如下：

- 图层左浮动

```
#div1{float:left;}
```

- 图层右浮动

```
#div2{float:right;}
```

（5）HTML 代码中 DIV 结构代码如下：

```
1  <div id = "container" class = "">图层外容器
2      <div id = "header" class = "">       </div>
3      <div id = "nav" class = "">          </div>
4      <div id = "mainbody" class = "">mainbody 图层内容器
5          <div id = "main" class = "">         </div>
6          <div id = "rightbar" class = ""> </div>
7      </div>
8      <div id = "footer" class = "">       </div>
9  </div>
```

5. 实验步骤

（1）建立 HTML 文档框架。

（2）在 HTML 文档 head 标记中插入样式 style。

（3）在 style 标记中分别定义 body 样式、各图层样式、段落样式、标题字等样式表。

（4）将上述 DIV 结构插入到 body 标记中，在各图层中分别插入相关的图片、段落和标题字等元素。

（5）采用内部、外部样式表完成整个网站样式的定义（参照后附的"程序代码清单"编写）。

（6）仿真设计网站首页效果如图 1-5-3 所示，其他页面代码可参照素材自行编写。

图 1-5-3　仿真构建的 CERNET 华东北地区年会网站首页图

6. 拓展与提高

采用内部样式表完成页面布局设计，页面布局效果如图 1-5-4 所示。

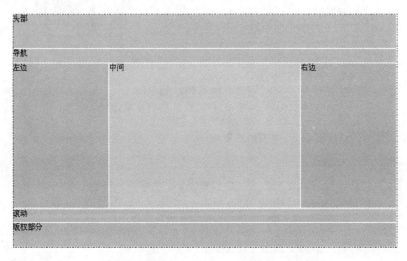

图 1-5-4　一种 CSS＋DIV 页面布局效果图

程序代码清单

项目 1　油画欣赏页面设计 prj_5_2_css_2. html

```
1    <! DOCTYPE html PUBLIC " - //W3C//DTD XHTML 1.0 Transitional//EN"
2    "http://www.w3.org/TR/xhtml1/DTD/xhtml1 - transitional.dtd">
3    <! -- 油画欣赏 prj_5_2_css_2.html -->
4    < html >
5        < head >
6            < title >CSS 综合应用</title>
7            < style type = "text/css">
8            <! --
9            body{
10               width:600px;
11               margin:0 auto;
12               font - family:Arial;
13               font - size:13px;
14           }
15           .div1,.div3{
16               padding:10px;
17               margin - left:20px;
18               margin - right:20px;
19               border: ＃f13c96 18px ridge;
20               float:left; /* 图层 1 和 3 向左浮动 */
21           }
22           .div2{
23               padding:10px;
```

```
24              margin-left:20px;
25              margin-right:20px;
26              border:   #ff3333 18px ridge;
27              float:left; /* 图层 2 向左浮动 */
28          }
29      h3{
30              text-align:center;
31              font:italic bolder 30px/2em 黑体;
32              background-color:#a5d1ff; /* 标题的背景色 */
33              border:1px dotted #222222; /* 标题边框 */
34              /* 清除 float 对左侧的影响 */
35          }
36      p{
37              text-indent:2em;   /* 向右缩进 2 个字符 */
38              text-align:left;   /* 左对齐 */
39              font:lighter 20px/1.3em 隶书; /* 设置字体 */
40              text-transform:capitalize;   /* 英文单词首字母大写 */
41              text-decoration:underline;}   /* 下划线 */
42          -->
43  </style>
44  </head>
45  <body>
46          <h3>油画欣赏</h3>
47          <p>油画风景是以自然景物为描绘对象,用油画材料进行绘画创作,称为油画风景.早期
的绘画并没有这一独立的门类,油画风景只是在一些人物画中以背景或陪衬的形式出现。直至文艺
复兴以后的 16 世纪,风景画才作为独立的绘画体裁出现于欧洲画坛,并得到极大发展。</p>
48          <p>I was sure that I was to be killed. I became terribly nervous. I fumbled in my
pockets to see if there were any cigarettes, which had escaped their search.
49          </p>
50          <div class = "div1"><img src = "yh/yh1.jpg" border = "0"></div>
51          <div class = "div2"><img src = "yh/yh3.jpg" border = "0"></div>
52          <div class = "div3"><img src = "yh/yh2.jpg" border = "0"></div>
53  </body>
54  </html>
```

项目 2   CERNET 华东北地区年会网站仿真构建 prj_5_2_div_css. html

```
1   <!-- prj_5_2_div_css.html -->
2   <html>
3       <head>
4           <title> CERNET 华东北地区年会 </title>
5           <style type = "text/css">
6               #container{
7                   width:100%;
8                   /* background:#06794d; */
9                   margin:0 auto;}
10              /* 头部样式设置 */
11              #header{
```

```
12              text - align:center;
13              width:100%;
14              height:283px;
15              margin:0 auto;
16              background:#06794d url("web/header.gif") center top  no-repeat;
17          }
18          /* 导航条样式设置 */
19          #nav{
20              margin:0 auto;
21              padding:243px 100px 0px;
22              background-color:#06794d transparent;
23              width:100%;
24              line-height:40px;
25              color:white;
26              text-align:center;
27          }
28          ul{list-style-type:none;margin:0 auto;float:left;}
29          ul li{float:left;width:100px;text-align:center;font-size:16px;}
30          ul a{width:100px;font-size:16px;}
31          ul a:link,a:visited,a:active{color:white;text-decoration:none;}
32          ul a:hover{
33              padding:6px 14px;
34              background:#009933;
35              width:100px;
36              text-align:center;
37          }
38          a:link,a:visited,a:active{color:#004000;text-decoration:none;
    font-size:16px;}
39          a:hover{color:#ff9966;text-decoration:none;font-size:16px;}
40          #mainbody{background:#ffffff;margin:0 auto;padding:0 auto;}
41          #main{
42              background:transparent;
43              width:60%;
44              float:left;
45              margin:0 auto;
46              padding:0 50px;}
47          #rightbar{
48              background:transparent;
49              float:right;
50              width:30%;
51          }
52          #footer{
53              background:#ffffff;
54              clear:both;
55              text-align:center;
56              color:#000000;
57              font-size:16px;
58              line-height:40px;}
59          #bt{font-size:28px;color:#06794d;padding:5px 16px;}
60          #p1{font-size:14px;color:black;text-indent:2em;}
```

```
61              </style>
62      </head>
63
64      <body>
65          <div id="container" class="">
66              <div id="header" class="">
67                  <div id="nav" class="">
68                      <ul>
69                          <li><a href="#">首页</a></li>
70                          <li><a href="#">会议介绍</a></li>
71                          <li><a href="#">淄博介绍</a></li>
72                          <li><a href="#">日程安排</a></li>
73                          <li><a href="#">大会报告</a></li>
74                          <li><a href="#">宾馆交通</a></li>
75                          <li><a href="#">资料下载</a></li>
76                          <li><a href="#">会议注册</a></li>
77                          <li><a href="#">联系我们</a></li>
78                      </ul>
79                  </div>
80              </div>
81              <div id="mainbody" class="">
82                  <div id="main" class="">
83                      <p id="bt">会议概要 </p>
84                      <p id="p1">2012 年 CERNET 华东北地区教育信息化技术研讨大会</p>
85                      <p id="p1">时间：2012 年 4 月 14 至 4 月 16 日</p>
86                      <p id="p1">地点：山东省淄博市</p>
87                      <p id="p1">会议主题：IPv6 试商用、信息化规划与学校信息化实践、校
园网管安全与管理、先进技术研讨及工作交流等
88                      <p id="p1">主办：CERNET 华东北地区网络中心、CERNET 安徽省网络中
心、CERNET 山东省网络中心<br>
89                      <p id="p1">承办：山东理工大学  </p>
90                      <p id="bt">会议介绍</p>
91                      <p id="p1">2012 年 4 月 14－16 日，由 CERNET 华东北地区网络中心、
CERNET 安徽省网络中心、CERNET 山东省网络中心及山东省教育技术与装备协会联合主办，山东理工
大学承办的中国教育和科研计算机网（CERNET）2012 年华东北地区教育信息化技术研讨会在美丽的
山东理工大学召开。本次大会的主要议题包括：IPv6 试商用、信息化规划与学校信息化实践、校园
网管安全与管理、先进技术研讨等。会议邀请 CERNET 专家、国内高校及企业界专家作专题报告，并开
展与会学校有关工作的大会交流。</p>
92                  </div>
93                  <div id="rightbar" class="">
94                      <div id="" class="">
95                          <p id="bt">会议概要</p>
96                          <table>
97                              <tr>
98                                  <td> </td>
99                                  <td><a href="#">在线注册</a></td>
100                                 <td> </td>
101                             </tr>
102                             <tr>
103                                 <td> </td>
```

```
104                              <td> </td>
105                              <td> </td>
106                          </tr>
107                          <tr>
108                              <td> </td>
109                              <td><a href="#">修改信息</a></td>
110                              <td> </td>
111                          </tr>
112                      </table>
113                  </div>
114                  <div id="" class="">
115                      <p id="bt">学校地图</p>
116                      <IFRAME id=baidu height=180
117                        src="http://it2012.sd.edu.cn/baidu.html" frameBorder=0
width=200
118                        scrolling=no></IFRAME>
119                  </div>
120              </div>
121          </div>
122          <div id="footer" class="">
123              &copy; Copyright CERNET 华东北地区网络中心. Designed By 山东理工大学网
络信息中心
124          </div>
125      </div>
126    </body>
127 </html>
```

拓展与提高参考代码 prj_5_5_div_css.html

```
1  <!-- DIV+CSS 实验题 prj_5_5_div_css.html -->
2  <html>
3      <head>
4          <title> DIV+CSS 实验题 </title>
5          <style type="text/css">
6          #container{width:100%;margin:0 auto;padding:0 auto;}
7          #header{width:100%;height:70px;background:#99ff66;
border-bottom:2px solid #ffffff;}
8          #nav{width:100%;height:28px;background:#99ff66;
border-bottom:2px solid #ffffff;}
9           #mainbody{width:100%;height:300px;margin:0 auto;padding:0 auto;border-
bottom:2px solid #ffffff;}
10         #left{float:left;background:#99ff33;width:25%;height:300px;
border-right:2px solid #ffffff;}
11         /* 方法1: left、right 分别向左和向右浮动,中间用 margin 设置 */
12         #middle{margin:0 25% 0;background:#ccff66;width:49.7%;height:300px;}
13         /* 方法2: div 的位置放在左右侧边的下边 #middle{background:#ccff66;width:
74.5%;height:300px;} */
14         /* 方法3: left、middle 向左浮动,right 向右浮动,width 的百分比值可能有差异 */
```

```
15        /* #middle{float:left;background:#ccff66;width:49.5%;height:300px;} */
16        #right{float:right;background:#99ff00;width:25%;height:300px;}
17        #marquee{width:100%;height:26px;background:#99ff66;
border-bottom:2px solid #ffffff;}
18        #footer{width:100%;height:50px;background:#99ff00;}
19        #clearfloat{clear:both;border-bottom:2px solid #ffff00;}
20        </style>
21    </head>
22    <body>
23        <div id="container" class="">
24            <div id="header" class="">
25            头部
26            </div>
27            <div id="nav" class="">
28            导航
29            </div>
30            <div id="mainbody" class="">
31                <div id="left" class="">
32                左边
33                </div>
34                <div id="right" class="">
35                右边
36                </div>
37                <div id="middle" class="">
38                中间
39                </div>
40            </div>
41            <div id="clearfloat" class="">
42            </div>
43            <div id="marquee" class="">
44                滚动
45            </div>
46            <div id="footer" class="">
47                版权部分
48            </div>
49        </div>
50    </body>
51 </html>
```

注：本次实验所有项目的代码量为 232 行。

实验六 表　格

【实验目标】

1. 掌握制作表格的各种标记及其属性语法。
2. 掌握表格行标记的属性及设置方法。
3. 掌握表格单元格的各种属性及设置方法。
4. 学会利用表格进行 Web 页面布局设计，设计形式多样、风格各异的页面。

【实验内容】

1. 使用表格和表格属性完成简易表格的绘制。
2. 利用表格背景图片和单元格跨行与跨列属性设置完成产品宣传广告页面的制作。
3. 使用表格布局模拟真实网站设计简易的电子政务网站。
4. 使用 CSS 样式对表格和单元格内容进行样式定义并应用样式。

【实验项目】

1. 制作成绩登记表。
2. 制作产品宣传页面。
3. 制作简化版"江苏教育电子政务网站"。

项目 1　制作成绩登记表

1. 实验要求

使用表格标记和标记属性设计"第一学期成绩表"，格式如表 1-6-1 所示，页面效果如图 1-6-1 所示。

表 1-6-1　第一学期成绩表

序号	学号	姓名	第一学期成绩				
			英语	高数	学科导论	就业	总分
1	1019200101	李大宇	75	76	76	90	395
2	1019200102	张子明	60	45	66	55	303
3	1019200103	胡大明	55	68	64	80	343
4	1019200104	王不学	34	87	76	45	309
5	1019200105	徐知道	67	95	66	90	363
课程平均分			58.2	74.2	69.6	72	

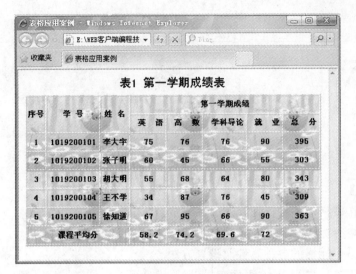

图 1-6-1   第一学期成绩表页面效果图

2. 实验内容

(1) 设置表格的行和列。

(2) 设置单元格跨行 rowspan 和跨列 colspan 属性。

(3) 设置表格的行 tr 属性。

(4) 设置表格单元格 td 属性。

(5) 设置表格的背景颜色与图片。

3. 实验中所需标记语法

(1) 表格 table 标记。

```
1    < table borderclor = " # 000000" border = "1" bgcolor = " # 99ff00" background =
"tu201203092. jpg" align = "center" width = "600px" height = "300px" frame = "border" rules =
"all" cellspacing = "1" cellpadding = "2" >
2        < caption >…</caption >
3        < tr align = "center" valign = "middle">
4            < th >…</th >
5            < th >…</th >
6            < th >…</td >
7            …
8        </tr >
9        < tr >
10           < td rowspan = "3">…< td >
11           < td colspan = "3">…< td >
12           < td >…< td >
13           …
14       </tr >
15       …
16  </table >
```

bgcolor 属性用于设置表格背景颜色,background 属性用于设置表格背景图片,bordercolor

属性用于设置表格的边框颜色。

（2）字体 font 标记。

```
< font face = "黑体" size = "5" color = "♯000000">表 1 第一学期成绩表</font >
```

（3）样式 style 标记。

```
1   < style type = "text/css">
2       tr{width:500px;text − align:center;vertical − align:middle;height:20px;}
3       td{font − weight:bold}
4   </style >
```

（4）表格行 tr 标记。

```
< tr align = " " valign = " "></tr >
```

属性 align 表示水平对齐,取值有 3 种：left、center、right；属性 valign 表示垂直对齐,取值也有 3 种：top、middle、bottom。

如果通过样式表来设置表格的对齐方式,在 CSS 中使用的属性名称与表格行属性名称有所不同。可参照下列代码设置表格行对齐方式：

```
tr{text − align:center;          /ᴺ设置水平对齐方式ᴺ/
vertical − align:middle;         /ᴺ设置垂直对齐方式ᴺ/}
```

（5）单元格 td 标记。
- 跨列属性设置。

```
< td colspan = "3">…</td >
```

使用单元格跨列属性后,原来<tr>标记中单元格的个数必须减少,减少数量是合并数量减 1,否则表格会偏移。设置跨列属性后,表格的总宽度不变。
- 跨行属性设置。

```
< td rowspan = "3">…</td >
```

使用单元格跨行属性后,设置跨行属性 tr 标记中单元格的个数不变,但其下面的（rowspan 属性值−1)行中的单元格数量会减少,减少数量等于设置跨行属性的单元格的数量,否则表格会偏移。设置跨行属性后,表格的总高度不变。

4. 实验步骤

（1）建立 HTML 文档框架。

（2）在 HTML 文档 head 标记中插入样式 style 标记。

（3）在 style 标记中分别定义单元格内容颜色样式.blue{}、.red{}。

（4）在 body 标记中插入 table 标记,并进行表格行和列相关属性的设置。

5. 拓展与提高

（1）如果需要将表格表头和表尾内容全部变成蓝色，将不及格的课程分数变成红色，如何修改代码？并实现如图 1-6-2 所示的效果。

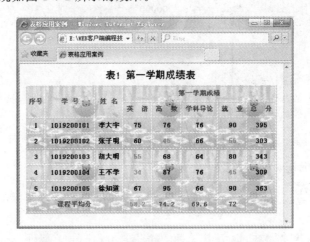

图 1-6-2　第一学期成绩表改进后页面效果图

实现文字彩色显示的方法有以下 3 种：

• 利用标记的 style 属性定义，如＜td style＝"color:red;"＞。

• 利用样式表实现，通过 class 属性引用。

样式定义如下：

```
1   < style type = "text/css">
2       .red{color:red;}
3       .blue{color:blue;}
4   </style>
```

样式引用方式如下：

```
< td class = "red">
```

• 使用 font 标记来实现。

```
< font color = "blue"> 55 </font>
```

（2）将表格的边框变成绿色、亮边框颜色为粉红色，内部边框只显示水平边框，垂直边框不显示，如何编程实现？

项目 2　制作产品宣传页面

1. 实验要求

利用表格布局的方式完成一个"笔记本电脑"产品宣传页面的设计。参照表 1-6-2 所给出的信息，利用表格和表格嵌套方法，设计产品宣传页面，页面效果如图 1-6-3 所示。

表 1-6-2　产品介绍参数表

	产品名称： 惠普 4431s(QG641PA)

惠普 4431s(QG641PA) 基本参数	
CPU 主频	2.4MHz
CPU 系列	英特尔 酷睿 i5 2 代系列(Sandy Bridge)
CPU 型号	Intel 酷睿 i5 2430M 纠错
内存	DDR3 1333MHz 4GB,最大内存容量：16GB
硬盘	7200 转,SATA,750GB
光驱	光驱内置 DVD 刻录机
屏幕	14 英寸
显卡	1GB,GDDR5,AMD Radeon HD 6490M 独立显卡
惠普 4431s(QG641PA) 多媒体设备	
摄像头	集成摄像头
音频系统	内置音效芯片纠错
多媒体	内置扬声器、麦克风
惠普 4431s(QG641PA) 网络通信及其他	
无线网卡	支持 802.11b/g/n 无线协议,Intel WiFi Link
有线网卡	1000Mbps 以太网卡
数据接口	3×USB2.0＋1×USB 3.0
其他接口	RJ45(网络接口),电源接口纠错
指取设备	触摸板纠错
键盘描述	全尺寸悬浮式防溅键盘纠错
电池类型	6 芯锂电池

产品名称：

惠普 4431s（QG641PA）

惠普 4431s（QG641PA）基本参数

CPU主频：　2.4 MHz
CPU系列：　英特尔 酷睿i5 2代系列（Sandy Bridge）
CPU型号：　Intel 酷睿i5 2430M
内　存：　DDR3 1333MHz 4GB,最大内存容量：16GB
硬　盘：　7200转、SATA、750GB
光　驱：　光驱内置DVD刻录机
屏　幕：　14英寸
显　卡：　1GB、GDDR5、AMD Radeon HD 6490M独立显卡

惠普 4431s（QG641PA）多媒体设备

摄 像 头：　集成摄像头
音频系统：　内置音效芯片纠错
多 媒 体：　内置扬声器、麦克风

惠普 4431s（QG641PA）网络通信及其他

无线网卡：　支持802.11b/g/n无线协议、Intel WiFi Link
有线网卡：　1000Mbps以太网卡
数据接口：　3×USB2.0+1×USB3.0
其他接口：　RJ45（网络接口）、电源接口
指取设备：　触摸板
键盘描述：　全尺寸悬浮式防溅键盘
电池类型：　6芯锂电池

图 1-6-3　惠普笔记本产品宣传页面效果

2. 实验内容

(1) 设置表格的行和列。

(2) 设置单元格跨列。

(3) 设置表格嵌套。

(4) 设置表格的行属性。

(5) 设置表格的列属性。

3. 实验中所需标记语法

(1) 表格 table 标记。

```
< table bordercolor = " # ffff00" border = "1" bgcolor = " # ffff66" width = "650px" height =
"500px">
   <tr><td>…</td>…</tr>
   <tr><td>…</td>…</tr>
</table>
```

(2) 样式 style 标记。

```
1   < style type = "text/css">
2       /* 显示产品名称 */
3       .p1{
4           font - family:"黑体";
5           font - size:20px;
6           color:" #3333ff";
7       }
8       /* 显示具体产品 */
9       .p2{
10          font - family:"黑体";
11          font - size:30px;
12          color:" #3333ff";
13      }
14      /* 显示每一个子项目标题 */
15      .bt1{
16          color: #6600cc;
17          font - size:25px;
18          font - family:微软雅黑;
19          background - color: #999900;
20      }
21  </style>
```

(3) 表格行 tr 与单元格 td 标记。

```
<tr>
    < td colspan = "2" class = "bt1">惠普 4431s(QG641PA) 网络通信及其他</td>
</tr>
```

4. 样式引用

```
<标记 class = "类名称" id = "Id 名称">…</标记>
< p class = "p1">产品名称: </p>
< td class = "bt1" >惠普 4431s(QG641PA) 基本参数</td>
```

5. 实验步骤

（1）建立 HTML 文档框架。

（2）在 HTML 文档 head 标记中插入样式 style 标记。

（3）在 style 标记中分别定义显示产品名称、子项目标题的样式（参照样式表中给定的样式）。

（4）在 body 标记中插入 1 个 7 行 2 列的表格，设置表格标记的 bgcolor、bordercolor、border、width、height 等属性。

（5）根据页面效果，分别设置产品子栏目和相关参数。子栏目采用单元格跨 2 列合并，栏目标题居左显示；对应参数采用在表格行中单元格内嵌套 N 行 2 列的表格的方法来显示相关参数，N 根据需要设置，嵌套的表格所有边框不要求显示（设置表格的 frame 值为 void，即可不显示边框）。

项目3　简化版"江苏教育电子政务网站"

1. 实验要求

采用表格布局技术设计一个简化版"江苏教育电子政务网站"。利用表格、表格嵌套方法，参考素材给定的信息，完成网站设计，效果如图 1-6-4 所示。

图 1-6-4　江苏教育电子政务简版首页效果

2. 实验内容

（1）设置表格的行和列。

（2）设置单元格跨列。

（3）设置表格嵌套。

（4）设置表格的行属性。

（5）设置表格的列属性。

（6）设置超链接属性。

（7）定义内部样式表。

3. 实验中所需标记语法

（1）表格 table 标记。

```
< table border = "1" width = 1002px align = "center" bgcolor = "#666699">
```

（2）样式 style 标记。

```
1   < style type = "text/css">
2       /* 定义单元格的样式 */
3       td{
4           color:white;
5           font - size:20px;
6       }
7       /* 定义行居中样式 */
8       tr{text - align:center;}
9       /* 定义段落样式 */
10      p{
11          text - indent:2em;
12          font - size:16px;
13      }
14      /* 定义导航条样式 */
15      #nav{
16          text - align:center;
17          width:120px;
18      }
19      a:link,a:hover,a:visited,a:active{
20          text - decoration:none;
21          color:white;
22      }
23  </style>
```

（3）图片 img 标记。

```
< img src = "dzzw_banner_01.jpg"/>
```

（4）表格行 tr、单元格 td 标记。

```
< tr align = "center"> … </tr>
< td colspan = "3" height = "80"> … </td>
```

4. 样式引用

```
<标记 id = "id 选择符名">…</标记>
< tr id = "nav" >…</tr>        <! -- 导航条样式   -->
```

5. 实验步骤

（1）建立 HTML 文档框架。

（2）在 HTML 文档 head 标记中插入样式 style 标记。

（3）在 style 标记中分别定义单元格 td、行 tr、段落 p、导航条 nav、超链接 a 的样式。

（4）在 body 标记中插入 1 个 4 行 3 列表格，使用表格标记的相关属性设置表格。在第一行使用单元格跨列合并方式插入网站 logo 图，文件名为"dzzw_banner_01.jpg"；第二行使用单元格跨列合并单元格后再嵌套插入 1 行 6 列的表格，实现导航条；第三行第一列嵌套 1 个 4 行 1 列的表格实现垂直导航功能；并按如图 1-6-4 所示的效果实现简易版的"江苏教育电子政务网站"。

6. 拓展与提高

如果采用 CSS＋DIV 技术实现同样的页面设计效果，应如何编写代码？

程序代码清单

项目 1   制作成绩登记表 prj_6_1_table_scores. html

```
1    <! -- 第一学期成绩表 prj_6_1_table_scores. html -->
2    < html >
3        < head >
4            <title> 表格应用案例 </title>
5            < style type = "text/css">
6                tr{width:500px;text - align:center;text - valign:middle;height:20px;}
7                td{font - weight:bold}
8            </style>
9        </head>
10       < body >
11           < table borderclor = " # 000000" border = "1" bgcolor = " #99ff00" background =
"tu201203092.jpg" align = "center" width = "600px" height = "300px">
12               < caption >< font face = "黑体" size = "5" color = " #000000">表 1 第一学期成绩
表</font ></caption>
13               < tr align = "center" valign = "middle" >
14                   < td rowspan = "2">序号</td>
15                   < td rowspan = "2">学      号</td>
16                   < td rowspan = "2">姓  名</td>
17                   < td colspan = "5">第一学期成绩</td>
18               </tr>
19               < tr >
20                   < td >  英    语</td>< td >  高    数</td>
21                   < td >  学科导论</td>< td >  就    业</td>
```

```
22              < td >  总   分</td>
23          </tr>
24          < tr >
25              < td > 1 </td>< td > 1019200101 </td>< td >李大宇</td>< td > 75 </td>
26              < td > 76 </td>< td > 76 </td>< td > 90 </td>< td > 395 </td>
27          </tr>
28          < tr >
29              < td > 2 </td>< td > 1019200102 </td>< td >张子明</td>< td > 60 </td>
30              < td > 45 </td>< td > 66 </td>< td > 55 </td>< td > 303 </td>
31          </tr>
32          < tr >
33              < td > 3 </td>< td > 1019200103 </td>< td >胡大明</td>
34              < td > 55 </td>< td > 68 </td>< td > 64 </td>< td > 80 </td>< td > 343 </td>
35          </tr>
36          < tr >
37              < td > 4 </td>< td > 1019200104 </td>< td >王不学</td>
38              < td > 34 </td>< td > 87 </td>< td > 76 </td>< td > 45 </td>< td > 309 </td>
39          </tr>
40          < tr >
41              < td > 5 </td>< td > 1019200105 </td>< td >徐知道</td>
42              < td > 67 </td>< td > 95 </td>< td > 66 </td>< td > 90 </td>< td > 363 </td>
43          </tr>
44          < tr >
45              < td colspan = "3">课程平均分</td>
46              < td > 58.2 </td>< td > 74.2 </td>< td > 69.6 </td>< td > 72 </td>
47              < td >   </td>
48          </tr>
49      </table >
50  </body >
51 </html >
```

改进效果代码 prj_6_1_table_scores_1. html：

```
1   <!-- 第一学期成绩表 prj_6_1_table_scores_1. html -->
2   < html >
3       < head >
4       <title> 表格应用案例 </title>
5       < style type = "text/css">
6         tr{width:500px;text - align:center;text - valign:middle;height:20px;}
7         td{font - weight:bold}
8         .red{color:red}
9         .blue{color:blue}
10      </style >
11      </head >
12      < body >
13        < table borderclor = " # 000000" border = "1" bgcolor = " # 99ff00" background =
    "tu201203092. jpg" align = "center" width = "600px" height = "300px">
14          < caption >< font face = "黑体" size = "5" color = " # 000000">表 1 第一学期成绩表
    </font ></caption >
```

```
15        < tr align = "center" valign = "middle" class = "blue">
16            < td   rowspan = "2">序号</td>
17            < td   rowspan = "2">学    号</td>
18            < td   rowspan = "2">姓  名</td>
19            < td   colspan = "5">第一学期成绩</td>
20        </tr>
21        < tr style = "color:blue">
22            < td >英   语</td>
23            < td >高   数</td>
24            < td >学科导论</td>
25            < td >就   业</td>
26            < td >总   分</td>
27        </tr>
28        < tr >
29        < td > 1 </td>
30        < td > 1019200101 </td>
31        < td >李大宇</td>
32        < td > 75 </td>
33        < td > 76 </td>
34        < td > 76 </td>
35        < td > 90 </td>
36        < td > 395 </td>
37        </tr>
38        < tr >
39          < td > 2 </td>
40          < td > 1019200102 </td>
41          < td >张子明</td>
42          < td > 60 </td>
43          < td class = "red"> 45 </td>
44          < td > 66 </td>
45        < td >< font color = "red"> 55 </font></td>
46          < td > 303 </td>
47        </tr>
48        < tr >
49          < td > 3 </td>
50          < td > 1019200103 </td>
51          < td >胡大明</td>
52          < td class = "red"> 55 </td>
53          < td > 68 </td>
54          < td > 64 </td>
55          < td > 80 </td>
56          < td > 343 </td>
57        </tr>
58        < tr >
59          < td > 4 </td>
60        < td > 1019200104 </td>
61        < td >王不学</td>
62        < td class = "red"> 34 </td>
63        < td > 87 </td>
64        < td > 76 </td>
```

```
65            < td class = "red"> 45 </td>
66            < td > 309 </td>
67        </tr>
68        < tr >
69            < td > 5 </td>
70            < td > 1019200105 </td>
71            < td >徐知道</td>
72            < td > 67 </td>
73            < td > 95 </td>
74            < td > 66 </td>
75            < td > 90 </td>
76            < td > 363 </td>
77        </tr>
78        < tr style = "color:blue">
79            < td   colspan = "3" >课程平均分</td>
80            < td class = "red"> 58.2 </td>
81            < td > 74.2 </td>
82            < td > 69.6 </td>
83            < td > 72 </td>
84            < td >    </td>
85        </tr>
86    </table>
87    </body>
88 </html>
```

项目 2　制作产品宣传页面 prj_6_2_table_product. html

```
1  <!-- 产品介绍页面制作 prj_6_2_table_product. html -->
2  < html >
3     < head >
4         < title > 产品介绍页面制作 </title>
5         < style type = "text/css">
6             / * 显示产品名称 * /
7             .p1{font - family:"黑体";font - size:20px;color:"#3333ff"}
8             / * 显示具体产品 * /
9             .p2{font - family:"黑体";font - size:30px;color:"#3333ff"}
10            / * 显示每一个子项目标题 * /
11            . bt1{color: #6600cc; font - size:25px; font - family:微软雅黑; background -
color: #999900}
12        </style>
13     </head>
14     < body >
15         < table bordercolor = " #ffff00" border = "1" bgcolor = " #ffff66" width = "650px"
height = "500px">
16            < tr >
17                < td align = "center">< img src = "notebook. jpg" width = "180px" align =
"center"></td>
18                < td >
```

```
19          < p class = "p1">产品名称：</p>
20          < p class = "p2" >惠普 4431s(QG641PA)</p>
21       </td>
22    </tr>
23    <tr>
24       < td colspan = "2" class = "bt1" >惠普 4431s(QG641PA) 基本参数</td>
25    </tr>
26    <tr>
27       < td colspan = "2">
28          < table frame = "void">
29             < tr >
30                < td > CPU 主频：</td>
31                < td > 2.4MHz </td>
32             </tr>
33             < tr >
34                < td > CPU 系列：</td>
35                < td >英特尔 酷睿 i5 2 代系列(Sandy Bridge)</td>
36             </tr>
37             < tr >
38                < td > CPU 型号：</td>
39                < td > Intel 酷睿 i5 2430M </td>
40             </tr>
41             < tr >
42                < td >内    存:</td>
43                < td > DDR3 1333MHz 4GB,最大内存容量：16GB </td>
44             </tr>
45             < tr >
46                < td >硬    盘:</td>
47                < td > 7200 转, SATA, 750GB </td>
48             </tr>
49             < tr >
50                < td >光    驱:</td>
51                < td >光驱内置 DVD 刻录机</td>
52             </tr>
53             < tr >
54                < td >屏    幕：</td>
55                < td > 14 英寸</td>
56             </tr>
57             < tr >
58                < td >显    卡：</td>
59                < td > 1GB, GDDR5, AMD Radeon HD 6490M 独立显卡</td>
60             </tr>
61          </table >
62       </td>
63    </tr>
64    <tr>
65       < td colspan = "2" class = "bt1">惠普 4431s(QG641PA) 多媒体设备</td>
66    </tr>
67    <tr>
68       < td colspan = "2">
```

```
69              <table>
70                  <tr>
71                      <td>摄  像  头：</td>
72                      <td>集成摄像头</td>
73                  </tr>
74                  <tr>
75                      <td>音频系统:</td>
76                      <td>内置音效芯片纠错</td>
77                  </tr>
78                  <tr>
79                      <td>多  媒  体:</td>
80                      <td>内置扬声器、麦克风</td>
81                  </tr>
82              </table>
83          </td>
84      </tr>
85      <tr>
86          <td colspan = "2" class = "bt1">惠普 4431s(QG641PA) 网络通信及其他</td>
87      </tr>
88      <tr>
89          <td colspan = "2">
90              <table>
91                  <tr>
92                      <td>无线网卡：</td>
93                      <td>支持 802.11b/g/n 无线协议,Intel WiFi Link </td>
94                  </tr>
95                  <tr>
96                      <td>有线网卡:</td>
97                      <td>1000Mbps 以太网卡</td>
98                  </tr>
99                  <tr>
100                     <td>数据接口：</td>
101                     <td>3 × USB2.0 + 1 × USB3.0 </td>
102                 </tr>
103                 <tr>
104                     <td>其他接口:</td>
105                     <td>RJ45(网络接口),电源接口</td>
106                 </tr>
107                 <tr>
108                     <td>指取设备：</td>
109                     <td>触摸板</td>
110                 </tr>
111                 <tr>
112                     <td>键盘描述：</td>
113                     <td>全尺寸悬浮式防溅键盘</td>
114                 </tr>
115                 <tr>
116                     <td>电池类型：</td>
117                     <td>6 芯锂电池</td>
118                 </tr>
```

```
119                  </table>
120               </td>
121            </tr>
122         </table>
123      </body>
124 </html>
```

项目 3　简化版"江苏教育电子政务网站"prj_6_3_table_embed. html

```
1   <!-- 表格嵌套应用 prj_6_3_table_embed. html -->
2   <html>
3      <head>
4         <title> 表格嵌套应用 </title>
5         <style type = "text/css">
6         td{color:white;font - size:20px}
7         tr{text - align:center;}
8         p{text - indent:2em;font - size:16px;}
9         #nav{text - align:center;width:120px;}
10        a:link,a:hover,a:visited,a:active{text - decoration:none;color:white;}
11        </style>
12     </head>
13     <body>
14        <table  border = "1" width = 1002px  align = "center" bgcolor = "#666699">
15           <tr>
16              <td colspan = "3" height = "80"><img src = "dzzw_banner_01. jpg"/></td>
17           </tr>
18           <tr>
19              <td colspan = 3>
20                 <table border = 0 width = 100%>
21                 <tr id = nav>
22                 <td><a href = "http://dzzw. jsjyt. edu. cn/col/col7421/index. html">
新闻资讯</a></td>
23                 <td><a href = "http://dzzw. jsjyt. edu. cn/col/col7662/index. html">
领导讲话</a></td>
24                 <td><a href = "http://dzzw. jsjyt. edu. cn/col/col7426/index. html">
行政公文</a></td>
25                 <td><a href = "http://dzzw. jsjyt. edu. cn/col/col7431/index. html">
成果展示</a></td>
26                 <td><a href = "http://www. jsjyt. gov. cn/">江苏教育网</a></td>
27                 <td><a href = "http://www. jse. gov. cn/">江苏教育信息网</a></td>
28                 </tr>
29                 </table>
30              </td>
31           </tr>
32           <tr>
33              <td>
34                 <table border = "1" height = "180px" width = 250px>
35                 <tr><td>新闻资讯</td></tr>
```

```
36              <tr><td>行政公文</td></tr>
37              <tr><td>领导讲话</td></tr>
38              <tr><td>成果展示</td></tr>
39              </table>
40          </td>
41          <td><p>7 月 26 日下午,省政府办公厅举办省政府门户网站内容保障表彰暨
培训会。会上,省教育厅办公室和省人社厅办公室被评为 2011 年度省政府门户网站内容保障工作一
等奖,省教育厅网站被评为"江苏省优秀政府网站",省教育厅电子政务中心崔璨同志被表彰为
201...</p></td>
42          <td><p>2012 年度江苏省教育信息化工作领导小组会议顺利召开 7 月 20 日
下午,江苏省教育厅召开了 2012 年度江苏省教育信息化工作领导小组会议.省教育厅办公室、人事
处、发展规划处、财务处、基础教育处、职业教育处、社会教育处、高等教育处、研究生教育处、师资处、
社会科学研究与思想政治教育处、科学技术与产业...</p></td>
43          </tr>
44          <tr>
45          < td colspan = "3" align = "center" height = 35px>Web 前端开发工作室,版权
信息</td>
46          </tr>
47      </table>
48  </body>
49 </html>
```

注：本次实验所有项目的代码量为 312 行。

实验七　框架

【实验目标】

1. 掌握框架集的基本语法，利用 rows、cols 属性设置水平和垂直分割窗口。

2. 掌握嵌套框架分割窗口的方法。

3. 学会利用子窗口显示相关网页并对子窗口进行相关属性设置。

4. 掌握浮动框架基本语法，学会在 Web 页面中嵌入浮动框架。

5. 学会使用 frame、iframe 作为超链接的目标，并利用框架结构进行简单页面布局设计。

【实验内容】

1. 通过使用框架集的（水平、垂直、嵌套）分割方法和框架属性实现简易网站首页布局设计。

2. 在正常网页中嵌入浮动框架，实现内联网页布局效果。

3. 使用超链接的 target 属性引用框架或浮动框架的 name 属性值，实现显示特定网页。

4. 使用框架结构进行真实简易网站的仿真设计。

【实验项目】

1. 简易网站后台管理页面。

2. 浮动框架制作"2011 年全国教育技术理论与实践作品大赛网"。

项目 1　简易网站后台管理页面

1. 实验要求

用"厂"字型布局完成网站后台管理页面设计。网站后台管理系统界面如图 1-7-1 所示。

2. 实验内容

（1）框架集窗口分割方法（水平、垂直分割）。

（2）框架集属性设置及嵌套方法。

（3）框架属性设置。

（4）设置框架为超链接的目标。

（5）表格应用。

（6）框架中显示页面的设计。

3. 实验中所需标记语法

（1）框架集 frameset 标记。

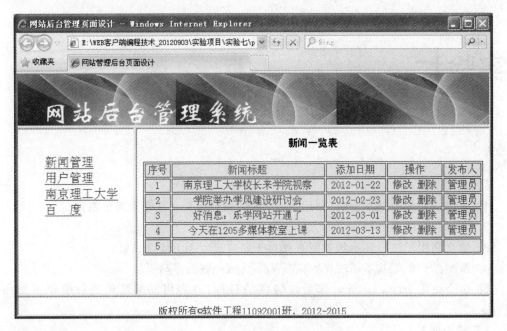

图 1-7-1　网站后台管理系统界面图

```
1   < frameset rows = ", " cols = " , ">
2      < frame src = "url " name = " ">
3      < frame src = "url " name = " ">
4      …
5   </frameset >
```

（2）表格 table 标记。

```
1   < table >
2      < caption >新闻列表</caption >
3      < tr >
4         < td >序号</td >
5         < td >标题</td >
6         < td >发布人</td >
7      </tr >
8      < tr >
9         < td ></td >
10        < td ></td >
11        < td ></td >
12     </tr >
13     < tr >
14        < td ></td >
15        < td ></td >
16        < td ></td >
17     </tr >
18  </table >
```

（3）样式 style 标记。

```
1  < style type = "text/css">
2      p{font - size:44px;color:♯fcfcfc;font - family:华文新魏;text - align:left;
margin:40px 30px}
3  </style>
```

（4）超链接 a 标记。

```
< a href = "url" target = " " title = "分割窗口名称" >链接标题</a>
```

4. 网站后台管理系统界面结构及编程要求

（1）框架集中的主程序文件为 prj_7_1_frameset_webend. html,网站后台管理系统界面是典型"厂"字型布局,如表 1-7-1 所示。

表 1-7-1　网站后台管理系统页面布局

top. html		
left. html	news. html	
bottom. html		

（2）框架集被嵌套分割成 4 个框架,其中包含 4 个 HTML 文件。

- 顶部页面：top. html,显示"网站后台管理系统",字体"华文新魏"、字号 44px、上下边距 40px、左右边距 30px,添加背景图片(images51. jpg)。
- 中间左边页面：left. html,菜单显示部分,菜单项的字体微软雅黑、大小 20px、颜色蓝色。
- 中间右边页面：news. html,显示 5 条新闻信息,格式如图 1-7-1 所示。
- 底部页面：bottom. html,字体为宋体,大小 16px,居中显示。

5. 实验步骤

（1）建立 prj_7_1_frameset_webend. html 文档结构。

（2）采用框架结构进行首页布局,使用 frameset 的 rows 属性将框架水平分割成上、中、下 3 个部分,然后在对中间的框架进行嵌套分割,垂直分割成左窄右宽型两个子框架,其代码如下：

```
1  < frameset rows = "22％,70％, ＊" >
2      < frame src = "" name = "">
3      < frameset cols = "25％, ＊">
4          < frame src = "" name = "">
5          < frame src = "" name = "">
6      </frameset >
7      < frame src = "" name = "">
8  </frameset >
```

（3）分别设置每个框架的 src、name 属性。给 frame 的 src 属性指定属性值分别为 top. html、left. html、news. html、bottom. html,给 name 属性指定属性值分别为 top、left、right、bottom,完成主程序的设计。

（4）分别新建 top. html、left. html、news. html、bottom. html 文件，其中 top. html 和 bottom. html 两个网页设计起来相对简单；left. html 页面可采用表格布局，在单元格中插入超链接来实现导航，也可以使用无序列表来实现导航，单击超链接后在右边的框架中显示指定的网页，使用 frame 作为超链接的目标（target）时，超链接的 target 属性必须引用 frame 的 name 属性，其引用代码如下：

```
< frame noresize src = "news. html" name = "rightframe">
< a href = "news. html" target = "rightframe">新闻管理</a>
```

news. html 网页中主要采用 6 行 5 列的表格来实现新闻一览表，可以使用样式表定义相关元素的样式并进行样式的应用。

（5）学会在子窗口中打开指定网页。

项目 2　浮动框架制作"2011 年全国教育技术理论与实践作品大赛网"

1. 实验要求

采用浮动框架设计"2011 年全国教育技术理论与实践作品大赛网"的页面，如图 1-7-2 所示。

图 1-7-2　浮动框架主页面图

2. 实验内容

（1）浮动框架使用。

（2）浮动框架属性设置。

（3）设置浮动框架（name）为超链接的目标（target）。

（4）使用表格进行页面布局。

（5）为导航菜单添加超链接。

3. 实验中所需标记语法

（1）浮动框架 iframe 标记。

```
< iframe name = "iframe" width = "200 " height = "200"></iframe >
```

（2）超链接 a 标记。

```
< a href = "url" target = "iframe">超链接标题</a>
```

超链接的 target 属性有 4 种常用的取值，分别是_top、_blank、_parent、_self，其中_self 是默认值。在框架集结构中或 body 中嵌入浮动框架时，可以将超链接的目标设置为框架或浮动框架的 name 属性值，来实现在指定框架或浮动框架中显示指定的网页文件。

（3）样式 style 标记。

```
1  < style type = "text/css">
2     .center{text − align:center;font − size:12px;color:white;font − weight:bold;}
3     td{text − align:center;vertical − align:middle}
4     .bt{font − family:微软雅黑;font − size:20px;color:white;width:200px}
5     .webbt{color:♯ffffff;font − family:方正姚体;font − size:28px;text − align:center;}
6     a:link,a:visited,a:active{color:white}
7     a:hover{color:white;background:♯003366;}
8     a{text − decoration:none;color:white}
9  </style >
```

通过标记的 class 来引用样式，格式如下：

```
< p class = "类样式名称" id = "id样式名称">
```

（4）表格 table 标记。

```
1  < table >
2     < tr >< td colspan = "3" >  …  </td></tr>
3  </table >
```

4. 网页布局设计及编程要求

（1）采用表格布局进行设计网页，采用 4 行 3 列表格构成页面，结构如表 1-7-2 所示。

（2）第一行是网站标题，采用♯0033cc 颜色作为背景色，网站标题颜色为♯ffffff、字体为"方正姚体"、大小为 28px、文字居中显示。

表 1-7-2　网页布局结构

网站标题
网站导航条
Iframe:600px * 385px
版权区

（3）第二行是导航条由"获奖通知、会议通知、赞助单位"组成，设计时可根据需要适当增加 1 或 2 个栏目，并添加相应的超链接，链接目标指向浮动窗口 iframe 的 name 属性值。

（4）导航与浮动框架中显示的网页对应关系如表 1-7-3 所示。

表 1-7-3　网站导航栏目与 URL 对应关系表

序号	导航栏目	URL
1	获奖通知	tongzhi. html
2	会议通知	huiyi. html
3	赞助单位	zzdw. html

（5）第三行中间单元格为浮动框架。

（6）第四行为版权区，页面效果如图 1-7-2 所示。

5. 实验步骤

（1）建立 HTML 文档框架。

（2）在 HTML 文档 head 标记中插入样式 style 标记。

（3）在 style 标记中分别定义段落、超链接、标题、单元格等标记的样式。

（4）在 body 标记中插入 4 行 3 列表格，按照上述编程要求，完成页面布局及导航菜单的设计。选择导航菜单中相应栏目后，分别在浮动框架中显示相关页面：

- 选择"获奖通知"，出现的页面效果如图 1-7-3 所示。

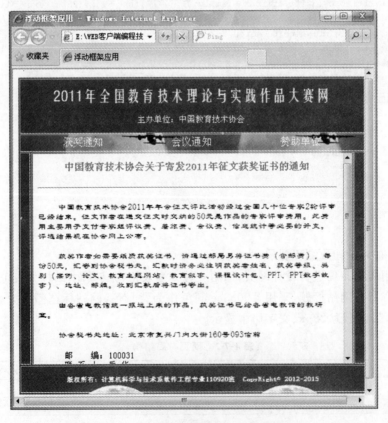

图 1-7-3　单击"获奖通知"后的界面

- 选择"会议通知"，出现的页面效果如图 1-7-4 所示。

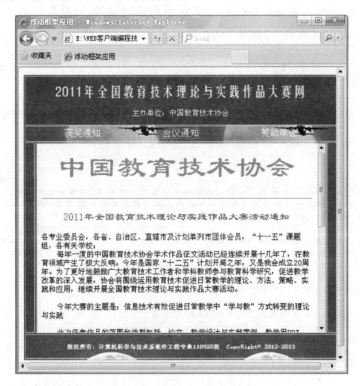

图 1-7-4　单击"会议通知"后的界面

- 选择"赞助单位"，出现的页面效果如图 1-7-5 所示。

图 1-7-5　单击"赞助单位"后的界面

（5）根据上述步骤完成 prj_7_2_iframe.html 编写工作。

（6）参照给定的素材和图 1-7-6～图 1-7-8 所示网页的效果，分别设计 tongxhi.html（获奖通知）、huiyi.html（会议通知）、zzdw.html（赞助单位）3 个二级网页文件。

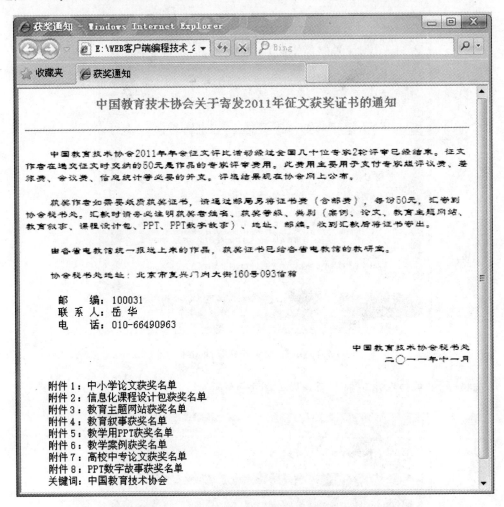

图 1-7-6　获奖通知网页效果图

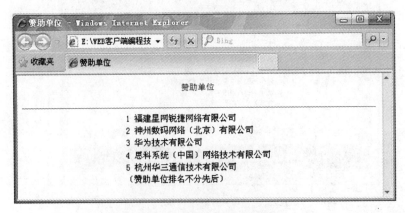

图 1-7-7　赞助单位网页效果图

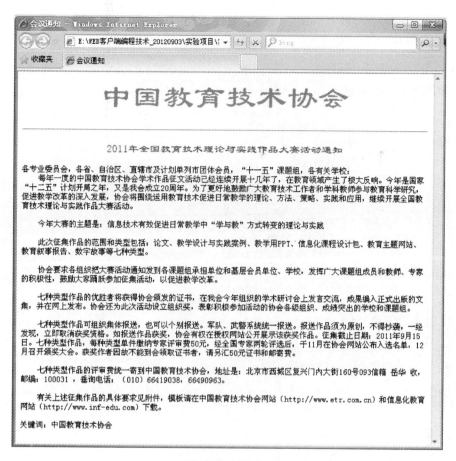

图 1-7-8　会议通知网页效果图

程序代码清单

项目 1　简易网站后台管理页面(由 5 个 HTML 网页构成)

1. 主程序页面 prj_7_1_ frameset_webend. html

```
1   <!-- 网站后台管理页面 prj_7_1_frameset_webend. html -->
2   < html >
3     < head >
4       < title > 网站后台管理页面设计 </title>
5     </head >
6   < frameset noresize rows = "22 % ,70 % , * " background = "" >
7       < frame src = "top. html" name = "topframe" scrolling = "no" >
8       < frameset cols = "25 % , * ">
9         < frame noresize src = "left. html" name = "leftframe" scrolling = "no">
10        < frame noresize src = "news. html" name = "rightframe" scrolling = "no">
11      </frameset >
```

实
验
七

框架

```
12        < frame noresize src = "bottom.html" name = "bottomframe" scrolling = "no">
13      </frameset >
14 </html >
```

2. 顶部页面 top.html

```
1  <!-- 网站管理顶部页面 top.html -->
2  < html >
3     < head >
4        < title ></title >
5        < style type = "text/css">
6            p{
7            font - size:44px;
8            color: #fcfcfc;
9            font - family:华文新魏;
10           text - align:left;
11           margin:40px 30px
12           }
13       </style >
14    </head >
15   < body background = "images51.jpg">
16       <p>网站后台管理系统</p>
17    </body >
18 </html >
```

3. 左侧导航页面 left.html

```
1  <!-- 网站后台管理中间左边页面 left.html -->
2  < html >
3     < head >
4        < title > </title >
5        < style type = "text/css">
6            td{
7                font - size:20px;
8                font - family:微软雅黑;
9                color:blue
10               }
11       </style >
12    </head >
13    < body >
14       < table border = "0" cellspacing = "2" cellpadding = "0">
15          < tr >
16             < td >    </td >
17             < td >   </td >
18          </tr >
19          < tr >
20             < td >    </td >
21             < td >< a href = "news.html" target = "rightframe">新闻管理</a></td >
22          </tr >
```

```
23              <tr>
24                  <td>   </td>
25                  <td><a href = "news.html" target = "rightframe">用户管理</a></td>
26              </tr>
27              <tr>
28                  <td>   </td>
29                  <td><a href = "http://www.njust.edu.cn" target = "rightframe">南京理工
大学</a></td>
30              </tr>
31              <tr>
32                  <td>   </td>
33                   <td><a href = "http://www.baidu.com" target = "rightframe">百  
 度</a></td>
34              </tr>
35          </table>
36      </body>
37  </html>
```

4. 版权页面 bottom. html

```
1   <!-- 网站后台管理底部页面 bottom.html  -->
2   <html>
3       <head>
4           <title>底部页面 </title>
5       </head>
6       <body>
7           <p style = "text-align:center;color:#000099;font-size:16px;">版权所有 &copy;
软件工程 11092001 班,2012-2015 </p>
8       </body>
9   </html>
```

5. 新闻页面 news. html

```
1   <!-- 新闻管理页面 news.html -->
2   <html>
3       <head>
4           <title>新闻管理 </title>
5           <style type = "text/css">
6               td{font-size:16px;color:blue;text-align:center;vertical-align:middle;}
7               bt{background-color:#b7b7b7}
8               p{font-size:16px;text-align:center;font-family:黑体;}
9           </style>
10      </head>
11      <body>
12          <p>新闻一览表</p>
13          <table border = "1" width = "100%" bordercolor = "#0000cc" bgcolor = "#EEEEEE">
14              <tr class = "bt">
15                  <td>序号</td>
16                  <td>新闻标题</td>
```

```
17              <td>添加日期</td>
18              <td>操作</td>
19              <td>发布人</td>
20          </tr>
21          <tr>
22              <td>1</td>
23              <td>南京理工大学校长来学院视察</td>
24              <td>2012 - 01 - 22</td>
25              <td>修改  删除</td>
26              <td>管理员</td>
27          </tr>
28          <tr>
29              <td>2</td>
30              <td>学院举办学风建设研讨会</td>
31              <td>2012 - 02 - 23</td>
32              <td>修改  删除</td>
33              <td>管理员</td>
34          </tr>
35          <tr>
36              <td>3</td>
37              <td>好消息：乐学网站开通了</td>
38              <td>2012 - 03 - 01</td>
39              <td>修改  删除</td>
40              <td>管理员</td>
41          </tr>
42          <tr>
43              <td>4</td>
44              <td>今天在 1205 多媒体教室上课</td>
45              <td>2012 - 03 - 13</td>
46              <td>修改  删除</td>
47              <td>管理员</td>
48          </tr>
49          <tr>
50              <td>5</td>
51              <td> </td>
52              <td> </td>
53              <td> </td>
54              <td> </td>
55          </tr>
56      </table>
57    </body>
58 </html>
```

项目 2　浮动框架制作"2011 年全国教育技术理论与实践作品大赛网"

1. 主网页文件 prj_7_2_iframe. html

```
1 <!-- 浮动框架应用 prj_7_2_ifrmae.html -->
2 <html>
```

```
3       < head >
4           <title> 浮动框架应用 </title>
5           < style type = "text/css">
6           .center{text - align:center;font - size:12px;color:#990000;font - weight:bold;}
7           td{text - align:center;vertical - align:middle}
8           .bt{font - family:微软雅黑;font - size:20px;color:white;width:200px}
9           .webbt{color:#ffffff;font - family:方正姚体;font - size:28px;text - align:center;}
10          a:link{color:white}
11          a:visited{color:blue}
12          a:active{color:#ffff00}
13          a:hover{color:white}
14          a{text - decoration:none;color:white}
15          </style >
16      </head >
17      < body >
18          < table border = "1" background = "images53.jpg">
19              < tr bgcolor = "#0033cc">
20                  < td colspan = "3" height = "100px">< p class = "webbt"> 2011 年全国教育技
术理论与实践作品大赛网</p>
21                      < p align = "center" style = "color:white;font - size:16px">主办单位：
中国教育技术协会</p>
22                  </td>
23              </tr>
24              < tr >
25                  < td colspan = "3">
26                      < table >
27                          < tr >
28                              < td class = "bt">< a href = "tongzhi.html" target = "iframe">获奖
通知</a></td>
29                              < td class = "bt">< a href = "huiyi.html" target = "iframe">会议通
知</a></td>
30                              < td class = "bt">< a href = "zzdw.html" target = "iframe">赞助单
位</a></td>
31                          </tr>
32                      </table>
33                  </td>
34              </tr>
35              < tr >
36                  < td >  </td>
37                  < td >< iframe name = "iframe" width = "600" height = "385" frameborder =
"0"></iframe></td>
38                  < td >  </td>
39              </tr>
40              < tr >
41                  < td  height = "80px" colspan = "3" class = "center">版权所有：计算机科学
与技术系软件工程专业 110920 班   CopyRight&copy; 2012 - 2015 </td>
42              </tr>
43          </table>
44      </body >
45 </html >
```

2. 会议通知网页文件 huiyi. html

```
1   <!-- 会议通知 huiyi.html-->
2   <html>
3       <head>
4           <title> 会议通知 </title>
5           <style type = "text/css">
6               .bt1{
7                   color:#ff0000;
8                   font-size:62px;
9                   font-family:隶书;
10                  text-align:center;
11              }
12              .bt2{
13                  color:blue;
14                  font-size:22px;
15                  font-family:隶书;
16                  text-align:center;
17              }
18              .content{
19                  color:black;
20                  font-size:16px;
21                  font-family:宋体;
22              }
23          </style>
24      </head>
25      <body>
26          <p class = "bt1">中国教育技术协会</p>
27          <hr color = "red" size = "2">
28          <p class = "bt2" >2011 年全国教育技术理论与实践作品大赛活动通知</p>
29          <p class = "content">
30          各专业委员会,各省、自治区、直辖市及计划单列市团体会员,"十一五"课题组,各有关学
    校:
31              <br>     每年一度的中国教育技术协会学术作品征文活动已经
    连续开展十几年了,在教育领域产生了极大反响.今年是国家"十二五"计划开局之年,又是我会成立
    20 周年.为了更好地鼓励广大教育技术工作者和学科教师参与教育科学研究,促进教学改革的深入
    发展,协会将围绕运用教育技术促进日常教学的理论、方法、策略、实践和应用,继续开展全国教育技
    术理论与实践作品大赛活动.<br><br>
32                  今年大赛的主题是:信息技术有效促进日常教学中"学与教"
    方式转变的理论与实践<br><br>
33                  此次征集作品的范围和类型包括:论文、教学设计与实践案
    例、教学用 PPT、信息化课程设计包、教育主题网站、教育叙事报告、数字故事等七种类型.<br><br>
34                  协会要求各组织把大赛活动通知发到各课题组承担单位和基
    层会员单位、学校,发挥广大课题组成员和教师、专家的积极性,鼓励大家踊跃参加征集活动,以促进
    教学改革.<br><br>
35                  七种类型作品的优胜者将获得协会颁发的证书,在我会今年
    组织的学术研讨会上发言交流,成果编入正式出版的文集,并在网上发布.协会还为此次活动设立组
    织奖,表彰积极参加活动的协会各级组织、成绩突出的学校和课题组.<br><br>
```

36	七种类型作品可组织集体报送,也可以个别报送。军队、武警系统统一报送。报送作品须为原创,不得抄袭,一经发现,立即取消获奖资格。如报送作品获奖,协会有权在授权网站公开展示该获奖作品。征集截止日期:2011 年 9 月 15 日。七种类型作品,每种类型单件缴纳专家评审费 50 元,经全国专家两轮评选后,于 11 月在协会网站公布入选名单,12 月召开颁奖大会。获奖作者因故不能到会领取证书者,请另汇 50 元证书和邮寄费。

```
36              七种类型作品可组织集体报送,也可以个别报送。军队、武警
系统统一报送。报送作品须为原创,不得抄袭,一经发现,立即取消获奖资格。如报送作品获奖,协
会有权在授权网站公开展示该获奖作品。征集截止日期:2011 年 9 月 15 日。七种类型作品,每种类
型单件缴纳专家评审费 50 元,经全国专家两轮评选后,于 11 月在协会网站公布入选名单,12 月召开
颁奖大会。获奖作者因故不能到会领取证书者,请另汇 50 元证书和邮寄费。<br><br>
37              七种类型作品的评审费统一寄到中国教育技术协会,地址是:
北京市西城区复兴门内大街 160 号 093 信箱  岳华 收,邮编:100031,垂询电话:(010)66419038,
66490963。<br><br>
38              有关上述征集作品的具体要求见附件,模板请在中国教育技
术协会网站(http://www.etr.com.cn)和信息化教育网站(http://www.inf-edu.com)下载。<br>
<br>
39          关键词:中国教育技术协会
40        </p>
41      </body>
42  </html>
```

3. 赞助单位网页文件 zzdw. html

```
1   <!-- 赞助单位 zzdw.html -->
2   <html>
3     <head>
4       <title> 赞助单位 </title>
5       <style type="text/css">
6           p{color:blue;font-size:16px;font-family:黑体;text-align:center}
7           pre{color:blue;font-size:16px;font-family:隶书;margin-left:80px}
8       </style>
9     </head>
10    <body>
11      <p>赞助单位</p>
12      <hr color="red" size="2">
13      <table align="center">
14        <tr>
15          <td>1 福建星网锐捷网络有限公司   </td>
16        </tr>
17        <tr>
18          <td>2 神州数码网络(北京)有限公司 </td>
19        </tr>
20        <tr>
21          <td> 3 华为技术有限公司 </td>
22        </tr>
23        <tr>
24          <td> 4 思科系统(中国)网络技术有限公司        </td>
25        </tr>
26        <tr>
27          <td> 5 杭州华三通信技术有限公司 </td>
28        </tr>
29        <tr>
30          <td >(赞助单位排名不分先后)</td>
31        </tr>
```

```
32        </table>
33      </body>
34 </html>
```

4. 获奖通知网页文件 tongzhi.html

```
1  <!-- 获奖通知 tongzhi.html -->
2  <html>
3    <head>
4      <title> 获奖通知 </title>
5      <style type = "text/css">
6          p{font - size:16px;font - family:隶书;}
7          h3{color:"red";text - align:center}
8          pre{font - size:16px;}
9      </style>
10   </head>
11   <body>
12     <p><h3>中国教育技术协会关于寄发 2011 年征文获奖证书的通知</h3></p>
13     <hr color = "red" size = "2">
14     <p>
15             中国教育技术协会 2011 年年会征文评比活动经过全国几十
```
位专家 2 轮评审已经结束。征文作者在递交征文时交纳的 50 元是作品的专家评审费用。此费用主
要用于支付专家组评议费、差旅费、会议费、信息统计等必要的开支。评选结果现在协会网上公布。
`<br><br>`
```
16             获奖作者如需要纸质获奖证书,请通过邮局另将证书费(含邮
```
费),每份 50 元,汇寄到协会秘书处。汇款时请务必注明获奖者姓名、获奖等级、类别(案例、论文、教
育主题网站、教育叙事、课程设计包、PPT、PPT 数字故事)、地址、邮编。收到汇款后将证书寄出。`<br>`
`<br>`
```
17             由各省电教馆统一报送上来的作品,获奖证书已给各省电教
```
馆的教研室。`<br><br>`
```
18             协会秘书处地址:北京市复兴门内大街 160 号 093 信箱<br>
```
`<br></p>`
```
19     <pre>
20     邮    编:100031
21     联 系 人:岳 华
22     电    话:010 - 66490963
23     </pre>
24     <p align = "right">中国教育技术协会秘书处<br>
25  
```
二○一一年十一月
```
26     </p>
27             附件 1: 中小学论文获奖名单<br>
28             附件 2: 信息化课程设计包获奖名单<br>
29             附件 3: 教育主题网站获奖名单<br>
30             附件 4: 教育叙事获奖名单<br>
31             附件 5: 教学用 PPT 获奖名单<br>
32             附件 6: 教学案例获奖名单<br>
33             附件 7: 高校中专论文获奖名单<br>
34             附件 8: PPT 数字故事获奖名单 <br>
```

```
35            关键词：中国教育技术协会
36        </p>
37      </body>
38 </html>
```

注：本次实验所有项目的代码量为 295 行。

实验八 | 表 单

【实验目标】

1. 理解表单的概念,熟练掌握表单创建方法。
2. 掌握表单相关属性设置。
3. 掌握表单输入、多行输入、列表框等对象属性的设置。
4. 学会使用域和域标题来分组表单元素。
5. 学会设计用户登录、用户注册、网上调查问卷等类似页面。

【实验内容】

1. 使用表单和11个表单元素进行简易页面布局设计。
2. 综合运用图层、表格和表单进行页面混合布局。
3. 使用样式表定义图层、表单元素、表格、单元格的样式。
4. 模仿真实案例进行表单综合编程练习。

【实验项目】

1. 留言板设计——中国科学技术协会科技工作者建言。
2. 大学生暑期社会实践调查问卷。

项目1 留言板设计——"中国科学技术协会科技工作者建言"

1. 实验要求

(1) 用表格、表单和表单元素实现——"留言板"页面设计。

(2) 模仿《中国科学技术协会科技工作者建言》页面(截图如图1-8-1所示)设计图1-8-2所示的留言板。官方网站的 URL: http://210.14.113.18:9090/lyb/index_bm.jsp?bm=1。

2. 实验内容

(1) 表格页面布局技术应用。

(2) 表单和表单元素的综合运用。

(3) 表格嵌套。

(4) 样式表的使用。

3. 实验中所需标记语法

(1) 表单 forn 标记。

图 1-8-1　官方网站"科技工作者建言"页面效果图

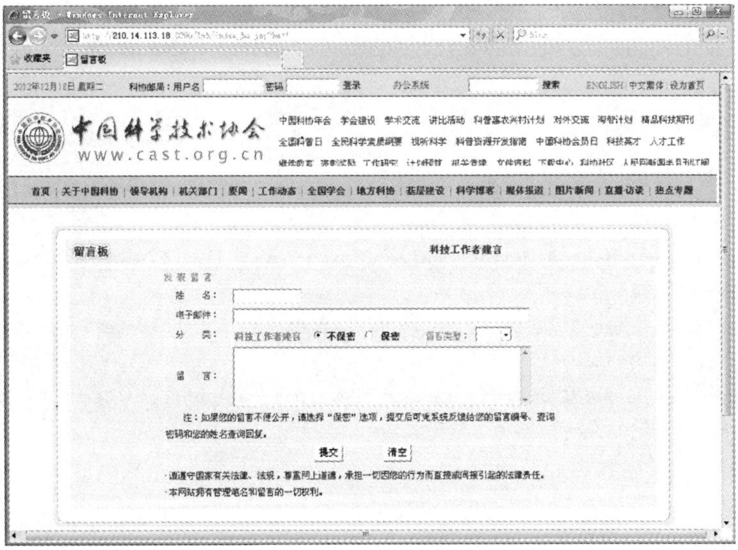

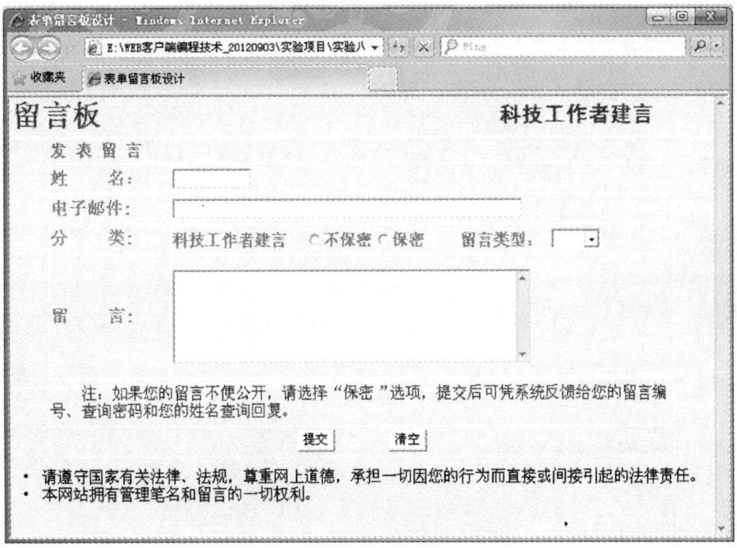

图 1-8-2　留言板设计界面图

```
< form name = "form1" method = "post" action = "">…</form >
```

（2）表格 table 标记。

```
< table align = " center" border = 1 bordercolor = " white" width = "650" height = "300"
cellspacing = "0" cellpadding = "0"> …</table >
```

（3）样式 style 标记。

```
1   < style type = "text/css">
2       #div1{background - color:#f2f9fd;color:#66ffff;width:100 % ;
height:30px;}
3       #div2{background - color:#f2f9fd;color:#66ffff;width:100 % ;height:300px;
margin - top:3px;}
4       .td1{line - height:22px;font - size:18px;color:#339966;width:100px;
font - weight:bold;}
5       .td2{line - height:42px;font - size:18px;color:#339966;width:100px;
font - weight:bold;}
6       .bt1{font - size:30px;font;family:黑体;font - weight:bold;text - align:left;
width:500;color:#0033cc;}
7       .bt2{font - size:22px;font - family:黑体;font - weight:bold;text - align:left;
width:200;color:#0033cc;}
8   </style>
```

(4) 表单元素。
- 文本输入框 input 标记。

```
< input type = "text" name = "name" size = 10 >
```

- 单选框 input 标记。

```
< input type = "radio" name = "bm">不保密
```

- 提交按钮 input 标记。

```
< input type = "submit" value = "提交">
```

- 重置按钮 input 标记。

```
< input type = "reset" value = "清空">
```

- 列表框 select 标记。

```
1   < select name = "leixing">
2       < option value = 0 selected ></option >
3       < option value = 1 >投诉</option >
4       < option value = 2 >咨询</option >
5       < option value = 3 >建议</option >
6       < option value = 4 >反馈</option >
7   </select >
```

- 多行文本框 textarea 标记。

```
< textarea name = "" rows = "6" cols = "50">在此留言</textarea >
```

4. 留言板页面结构及编程要求

（1）页面主程序为 prj_8_1_form_bbs.html，由 2 个独立的图层构成，第一个图层里有 1 个表格，第二个图层采用表格嵌套，其中共有 3 个表，其布局如表 1-8-1 所示。

表 1-8-1　留言板页面布局

Div1：(1 个 1 行 2 列的表)	
Div2：1 行 1 列的表格	
下表(7 行 2 列)	
表里嵌套 1 个 1 行 1 列的表	

（2）表单元素：单行输入框、多行输入框、单选框、列表框、提交按钮、重置按钮等。

（3）留言类型：投诉、咨询、建议、反馈，默认为空白。

（4）页面字体大小要求：

- 留言板采用样式 bt1。

```
.bt1{font – size:30px;font – family:黑体;font – weight:bold;
text – align:left;width:500;color:#0033cc}
```

- 科技工作者建言采用样式 bt2。

```
.bt2{font – size:22px;font;family:黑体;font – weight:bold;
text – align:left;width:200;color:#0033cc}
```

- 姓名、电子邮件、分类采用样式 td1。

```
.td1{line – height:22px;font – size:18px;color:#339966;width:100px;
font – weight:bold;}
```

- 留言采用样式 td2。

```
.td2{line – height:42px;font – size:18px;color:#339966;width:100px;
font – weight:bold;}
```

（5）其余格式参见图 1-8-2 所示效果，设置相应的样式。

5. 实验步骤

（1）先建立 prj_8_1_form_bbs.html 文档结构。

（2）在 head 标记中插入样式表，按照页面字体大小的要求分别定义相关的样式。

（3）在 body 标记中插入两个图层(div1、div2)，并应用相应的样式。

（4）在第 2 个 DIV 中插入表单，按表 1-8-1 所示的布局，在表单中插入相关的表格及表格嵌套。

115

实验八

表单

（5）精心调试，合理布局，按图 1-8-2 所示的效果完成页面设计。

项目 2　大学生暑期社会实践调查问卷

1. 实验要求

采用表格、表单和表单元素实现图 1-8-3 所示的"大学生暑期社会实践调查问卷"页面设计。

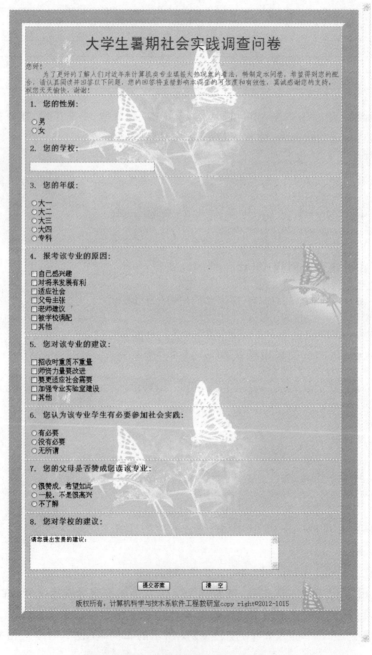

图 1-8-3　大学生暑期社会调查表界面图

2. 实验内容

（1）表单使用。

（2）表单元素属性设置。

（3）使用图层进行页面初步布局。

（4）使用表格和表格嵌套进行页面精确布局。

3. 实验中所需标记语法

（1）图层 div 标记。

```
< div id = "div_parent" class = ""> … </div >
< div id = "" class = "div_sub" > … </div >
```

（2）表单 form 标记。

```
< form method = "post" action = "">…</form >
```

（3）表格 table 标记。

```
< table background = "bgimags. jpg";width = "100 %" border = 8 cellspacing = 0 cellpadding = 0
align = "center">…</table >
```

（4）样式 style 标记。

```
1   < style type = "text/css">
2       #div_parent{margin:0px;background:#00cccc;width:100 %;height:100 %;}
3       .div_sub{margin:30px;width:100 %;height:100 %;}
4       .td1{font - weight:bold;font - size:18px;color:#3300cc;}
5       .bt{line - height:80px;font - size:35px;color:#0000ff;font - family:黑体;
text - align:center;}
6   </style >
```

（5）表单元素。

· 文本输入框 input 标记。

```
< input type = "text" name = "name" size = 10 >
```

· 单选按钮 input 标记。

```
< input type = "radio" name = "class">大一< br >
```

· 复选框 input 标记。

```
< input type = "checkbox" name = "zy1">自己感兴趣< br >
< input type = "checkbox" name = "zy2">对将来发展有利< br >
< input type = "checkbox" name = "zy3">适应社会< br >
< input type = "checkbox" name = "zy4">父母主张< br >
```

```
< input type = "checkbox" name = "zy5">老师建议< br >
< input type = "checkbox" name = "zy6">被学校调配< br >
< input type = "checkbox" name = "zy7">其他< br >
```

- 提交按钮 input 标记。

```
< input type = "submit" value = "提交">
```

- 重置按钮 input 标记。

```
< input type = "reset" value = "清空">
```

- 多行文本框 textarea 标记。

```
< textarea name = "" rows = "5" cols = "80">请您提出宝贵的建议：</textarea>
```

4. 网上调查问卷设计要求

主程序为 prj_8_2_form_survery.html,学会使用图层来进行页面布局,采用表格进行页面精确定位,利用表单和表单元素进行页面具体设计。学会给表格设置背景图片,制作专业的网上调查问卷。

5. 实验步骤

(1) 建立 HTML 文档框架。

(2) 在 HTML 文档 head 标记中插入样式 style 标记。

(3) 在 style 标记中分别定义两个图层、标题字、单元格的样式。

(4) 在 body 标记中插入两个图层;在第 2 个图层内插入表单,在表单中再插入 11 行 1 列的表格,在表格单元格内再嵌套表格,在内表的单元格内插入表单元素,并进行页面布局设计。

(5) 按图 1-8-3 所示的效果完成页面设计。

程序代码清单

项目 1   留言板设计 prj_8_1_form_bbs. html

```
1   <!-- 表单留言板设计 prj_8_1_form_bbs.html -->
2   < html >
3       < head >
4         < title > 表单留言板设计 </title>
5         < style type = "text/css">
6             /* 第 1 图层样式 */
7             #div1{
8                 background - color: #f2f9fd;
9                 color: # #66fffff;
10                width:100 % ;
11                height:30px;
```

```
12              }
13              /* 第 2 图层样式 */
14              #div2{
15                  background-color:#f2f9fd;
16                  color:#66ffff;
17                  width:100%;
18                  height:300px;
19                  margin-top:3px;
20              }
21              /* 单元格 1 样式 */
22              .td1{
23                  line-height:22px;
24                  font-size:18px;
25                  color:#339966;
26                  width:100px;
27                  font-weight:bold;
28              }
29              /* 单元格 2 样式 */
30              .td2{
31                  line-height:42px;
32                  font-size:18px;
33                  color:#339966;
34                  width:100px;
35                  font-weight:bold;
36              }
37              /* 标题 1 样式 */
38              .bt1{
39                  font-size:30px;
40                  font;family:黑体;
41                  font-weight:bold;
42                  text-align:left;
43                  width:500;
44                  color:#0033cc;
45              }
46              /* 标题 2 样式 */
47              .bt2{
48                  font-size:22px;
49                  font-family:黑体;
50                  font-weight:bold;
51                  text-align:left;
52                  width:200;
53                  color:#0033cc;
54              }
55          </style>
56      </head>
57      <body bgcolor=#ffffff leftmargin=0 topmargin=0>
58          <!-- 以网上留言板块为设计案例 -->
59          <div id="div1" class="">
60              <table>
61                  <tr>
```

表单

```
62                    < td   class = "bt1">留言板</td>
63                    < td class = "bt2">科技工作者建言</td>
64              </tr>
65          </table>
66        </div>
67        < div id = "div2" class = "">
68          < form method = "post" action = "">
69              < table width = "650" align = "center">
70                  < tr >
71                      < td align = "left">< font color = " # FF0000" style = "font -
weight:bold">发 表 留 言 </font></td>
72                  </tr>
73              </table>
74              < table align = "center" border = 1 bordercolor = "white" width = "650"
height = "300" cellspacing = "0" cellpadding = "0">
75                  < tr >
76                      < td class = "td1">姓     名: </td>
77                      < td >< input type = "text" name = "name" size = 10 ></td>
78                  </tr>
79                  < tr >
80                      < td class = "td1">电子邮件:</td>
81                      < td >< input type = "text" name = "email" size = "50"></td>
82                  </tr>
83                  < tr >
84                      < td class = "td1">分     类:</td>
85                      < td style = "color:red;font - weight:bold">科技工作者建言
  < input type = "radio" name = "bm">不保密< input type = "radio" name = "bm">保密
    留言类型:
86                      < select name = "leixing">
87                          < option value = 0 selected ></option>
88                          < option value = 1>投诉</option>
89                          < option value = 2>咨询</option>
90                          < option value = 3>建议</option>
91                          < option value = 4>反馈</option>
92                      </select>
93                      </td>
94                  </tr>
95                  < tr >
96                      < td class = "td2">留     言:</td>
97                      < td >< textarea name = "" rows = "6" cols = "50"></textarea >
</td>
98                  </tr>
99                  < tr >
100                     < td colspan = 3 align = left bgcolor = # f2f9fd >
101                     < font color = # 003399 >注: 如果您的留言不便公开,请选择"保
密"选项,提交后可凭系统反馈给您的留言编号、查询密码和您的姓名查询回复。</font>
102                     </td>
103                 </tr>
104                 < tr >
105                     < td colspan = "2" align = "center">
```

```
106                          < input type = "submit" value = "提交">      
     
107                              < input type = "reset" value = "清空">
108                          </td>
109                      </tr>
110                      < tr >
111                          < table align = "center">
112                              < tr >
113                                  < td height = 55 >   请遵守国家有关法律、法规,尊重网上
道德,承担一切因您的行为而直接或间接引起的法律责任。< br >
114                                  · 本网站拥有管理笔名和留言的一切权利。</td>
115                              </tr>
116                          </table>
117                      </tr>
118                  </table>
119              </form>
120          </div>
121      </body>
122 </html>
```

项目 2 大学生暑期社会实践调查问卷 prj_8_2_form_survery. html

```
1    <! -- 网上调查表 prj_8_2_form_survery. html -->
2    < html >
3      < head >
4        < title>大学生暑期社会实践调查问卷</title>
5        < style type = "text/css">
6          # div_parent{
7              margin:0px;
8              background: # 00cccc;
9              width:100 % ;
10             height:100 % ;
11         }
12         . div_sub{
13             margin:30px;
14             width:100 % ;
15             height:100 % ;
16         }
17         . td1{
18             font - weight:bold;
19             font - size:18px;
20             color: # 3300cc;
21         }
22         . bt{
23             line - height:80px;
24             font - size:35px;
25             color: # 0000ff;
26             font - family:黑体;
```

```
27                    text - align:center;
28              }
29          </style>
30      </head>
31      <body>
32          <div id = "div_parent" class = "">
33              <div id = "" class = "div_sub">
34                  <form method = "post" action = "">
35                      <table background = "bgimags.jpg"; width = "100%" border = 8
cellspacing = 0 cellpadding = 0 align = "center">
36                          <tr>
37                              <td class = "bt">大学生暑期社会实践调查问卷</td>
38                          </tr>
39                          <tr>
40                              <td>
41                                  <p style = "font - size:16px;font - family:仿宋_
GB2312;color:#3366ff">
42                                      您好!<br/>    为了更好的了解人
们对近年来计算机类专业填报火热现象的看法,特制定本问卷,希望得到您的配合,请认真阅读并回
答以下问题,您的回答将直接影响本调查的可信度和有效性,真诚感谢您的支持,祝您天天愉快,谢
谢!<br/>
43                                  </p>
44                              </td>
45                          </tr>
46                          <tr>
47                              <td>
48                                  <table frame = "void" cellspacing = "2" cellpadding =
"8">
49                                      <tr>
50                                          <td class = "td1">1. 您的性别:</td>
51                                      </tr>
52                                      <tr>
53                                          <td>
54                                              <input type = "radio" name = "sex">男<br>
55                                              <input type = "radio" name = "sex">女<br>
56                                          </td>
57                                      </tr>
58                                  </table>
59                              </td>
60                          </tr>
61                          <tr>
62                              <td>
63                                  <table frame = "void" cellspacing = "2" cellpadding =
"8">
64                                      <tr>
65                                          <td class = "td1">2. 您的学校:</td>
66                                      </tr>
67                                      <tr>
68                                          <td><input type = "text" name = "school" size
= "40"></td>
```

```
69                                        </tr>
70                                      </table>
71                                    </td>
72                                  </tr>
73                                  <tr>
74                                    <td>
75                                      <table frame = "void" cellspacing = "2" cellpadding =
   "8">
76                                        <tr>
77                                          <td class = "td1"> 3. 您的年级:</td>
78                                        </tr>
79                                        <tr>
80                                          <td>
81                                            <input type = "radio" name = "class">大一
   <br>
82                                            <input type = "radio" name = "class">大二
   <br>
83                                            <input type = "radio" name = "class">大三
   <br>
84                                            <input type = "radio" name = "class">大四
   <br>
85                                            <input type = "radio" name = "class">专科
   <br>
86                                          </td>
87                                        </tr>
88                                      </table>
89                                    </td>
90                                  </tr>
91                                  <tr>
92                                    <td>
93                                      <table frame = "void" cellspacing = "2" cellpadding =
   "8">
94                                        <tr>
95                                          <td class = "td1"> 4. 报考该专业的原因:
   </td>
96                                        </tr>
97                                        <tr>
98                                          <td>
99                                            <input type = "checkbox" name = "zy1">自
   己感兴趣<br>
100                                           <input type = "checkbox" name = "zy2">对
   将来发展有利<br>
101                                           <input type = "checkbox" name = "zy3">适
   应社会<br>
102                                           <input type = "checkbox" name = "zy4">父
   母主张<br>
103                                           <input type = "checkbox" name = "zy5">老
   师建议<br>
104                                           <input type = "checkbox" name = "zy6">被
   学校调配<br>
```

```
105                                    < input type = "checkbox" name = "zy7">其
他< br >
106                                          </td>
107                                        </tr>
108                                      </table>
109                                    </td>
110                                </tr>
111                                < tr >
112                                    < td >
113                                        < table frame = "void" cellspacing = "2" cellpadding =
"8">
114                                            < tr >
115                                                < td class = "td1"> 5. 您对该专业的建议：
</td>
116                                            </tr>
117                                            < tr >
118                                                < td >
119                                                    < input type = "checkbox" name = "zy1">招
收时重质不重量< br >
120                                                    < input type = "checkbox" name = "zy2">师
资力量要改进< br >
121                                                    < input type = "checkbox" name = "zy3">要
更适应社会需要< br >
122                                                    < input type = "checkbox" name = "zy4">加
强专业实验室建设< br >
123                                                    < input type = "checkbox" name = "zy7">其
他< br >
124                                                </td>
125                                            </tr>
126                                        </table>
127                                    </td>
128                                </tr>
129                                < tr >
130                                    < td >
131                                        < table frame = "void" cellspacing = "2" cellpadding =
"8">
132                                            < tr >
133                                                < td class = "td1" > 6. 您认为该专业学生
有必要参加社会实践:</td>
134                                            </tr>
135                                            < tr >
136                                                < td >
137                                                    < input type = "radio" name = "sex">有必要
< br >
138                                                    < input type = "radio" name = "sex">没有必
要< br >
139                                                    < input type = "radio" name = "sex">无所谓
< br >
140                                                </td>
141                                            </tr>
```

```
142                              </table>
143                          </td>
144                      </tr>
145                      <tr>
146                          <td>
147                              <table frame = "void" cellspacing = "2" cellpadding =
"8">
148                                  <tr>
149                                      <td class = "td1">7. 您的父母是否赞成
您读该专业:</td>
150                                  </tr>
151                                  <tr>
152                                  <td>
153                                  <input type = "radio" name = "sex">很赞成,希望如
此<br>
154                                  <input type = "radio" name = "sex">一般,不是很高
兴<br>
155                                  <input type = "radio" name = "sex">不了解<br>
156                                  </td>
157                                  </tr>
158                              </table>
159                          </td>
160                      </tr>
161                      <tr>
162                          <td>
163                              <table frame = "void" cellspacing = "2" cellpadding =
"8">
164                                  <tr>
165                                      <td class = "td1">8. 您对学校的建议:
</td>
166                                  </tr>
167                                  <tr>
168                                      <td><textarea name = "" rows = "5" cols = "80">
请您提出宝贵的建议:</textarea></td>
169                                  </tr>
170                              </table>
171                          </td>
172                      </tr>
173                      <tr>
174                          <td align = "center" height = "50px">
175                              <input type = "submit" value = "提交答案"> 
   
176                                      <input type = "reset" value
= "清  空">
177                          </td>
178                      </tr>
179                      <tr>
180                          <td height = "30px" align = "center" valign = "middle">
181                              <font color = "blue">版权所有:计算机科学与技术系软
件工程教研室 copy right&copy;2012 - 1015 </font>
```

表单

```
182                    </td>
183                  </tr>
184              </table>
185           </form>
186         </div>
187       </div>
188     </body>
189 </html>
```

注：本次实验所有项目的代码量为 311 行。

第三部分

JavaScript 基础

实验九   JavaScript 基础

【实验目标】

1. 理解 JavaScript 脚本放置与运行的方法。
2. 掌握 JavaScript 基本构成和基础语法。
3. 掌握自定义函数定义与引用。

【实验内容】

1. JavaScript 放置与运行。
2. JavaScript 变量、标识符、表达式定义与使用。
3. 自定义函数编写与调用。
4. 消息对话框与系统内部函数应用。
5. 事件调用与简约化调用。
6. 样式表定义与使用。
7. 表单、表单元素的使用。

【实验项目】

1. 改变网页字号大小。
2. 计算圆的面积。
3. 消息对话框的使用。
4. 系统内部函数的使用。

项目 1   改变网页字号大小

1. 实验要求

很多网站的新闻版块均设有个性化的"选择字号【大中小】"链接的功能,主要是给不同的网络访问者带来视觉上的方便。例如江苏省人民政府网站就有这样的功能,可以改变该页字号大小,如图 1-9-1 所示。

根据"江苏省人民政府网站"中的这一个性化的功能设计如图 1-9-2 所示的界面,要求当网络访问者选择字号中的"大、中、小"时能实现页面字号大小变化,选择"中"时,页面效果如图 1-9-3 所示。

2. 实验内容

(1) 创建 div、设置 div 的样式并指定 id。

(2) 通过 CSS 设置层、段落、标题字、文字与排版属性。

(3) div、p 样式的引用方法。

选择字号

图 1-9-1   江苏省人民政府网站

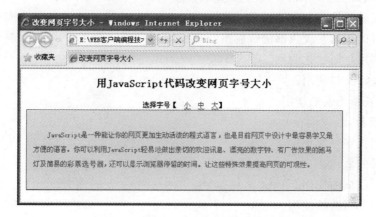

图 1-9-2   未单击前初始状态页面效果

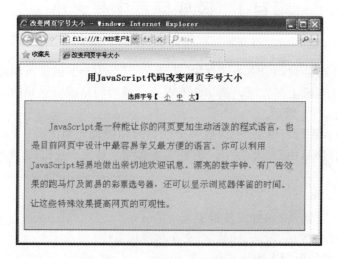

图 1-9-3   单击"中"链接后的页面效果

（4）自定义实现设置字体大小的 JavaScript 函数 setFont(size)。

（5）使用超链接实现自定义函数的调用。

3. 实验中所需标记语法

（1）图层 div 标记。

```
< div id = "content"> … </div >
```

（2）样式 style 标记。

```
1   < style type = "text/css">
2       #div1{text - align:center;font - size:12px;}
3       #content{font - size:12px;line - height:200%;padding:10px;
background:#000099;color:white;border:2px groove #0000cc;}
4       p{text - indent:2em;}
5   </style >
```

（3）脚本 script 标记。

```
1   < head >
2       < script type = "text/javascript"> … </script >
3   </head >
```

（4）超链接 a 标记。

```
< a href = "javascript:setfont('12px')">小</a >
```

（5）标题字 h3 标记。

```
< h3 align = "center">用 JavaScript 代码改变网页字体大小</h3 >
```

4. JavaScript 脚本的放置与函数

（1）在 head 标记中。

```
1   < head >
2       < script type = "text/javascript"> … </script >
3   </head >
```

如果脚本放在 head 标记中，script 标记中脚本代码必须定义成函数形式，格式如下：

```
function functionname(参数 1,参数 2, …,参数 n){函数体}
```

（2）在 body 标记中。

```
1   < body >
2       < script type = "text/javascript"> … </script >
3   </body >
```

如果脚本放在 body 标记中，script 标记中脚本代码既可以是函数，也可以是代码段。但在 body 标记中可以调用已经定义过的脚本函数，调用方式可以事件调用，也可以是简约化调用，还可以动态调用。

（3）JavaScript 自定义函数结构（setFont(size)）

格式：

function 函数名(参数 1,参数 2,…,参数 n){函数体}

```
1   function setFont(size){
2       / * 定义设置字体大小函数 * /
3       //size:大小,单位 px
4       var obj = document.getElementById("content");      //根据 id 获取文档对象
5       obj.style.fontSize = size;                         //设置对象的字体大小
6       //obj.style.color = "＃ff0000";                    //设置对象的颜色
7   }
```

（4）超链接中调用 JavaScript。

```
< a href = "javascript:setfont('12px')">小</a>                      //简约化调用
< a href = "＃" onclick = "javascript:setfont('18px');">中</a>     //事件调用
< a href = "javascript:setfont('24px');">大</a>                     //简约化调用
```

5. 页面结构分析及编程要求

（1）整个页面由 1 个标题、2 个图层构成。第一个图层中放置 3 个超链接；第二个图层放置 1 个段落。然后选择第一个图层中的"大"、"中"、"小"链接实现改变该网页字号大小。

（2）编写实现改变字号大小的自定义函数 setFont(size)。实现这个函数最关键的是如何获取页面上特定的元素，可以使用 document.getElementById("id")来获取一个 HTML 文档中指定 ID 对象，如获取 id 为 content 的图层 DIV 的方法是 var obj = document.getElementById("content");，然后可以获取或设置该对象属性，如通过 obj.style.fontSize＝size 和 obj.style.color＝"＃ff0000"两个赋值语句完成对字体大小、颜色等属性值重新设置。

6. 实验步骤

（1）建立 prj_9_1_js_setfont.html 文档基本结构。

（2）在 head 标记中插入内部样式表，并在样式表中定义图层、段落的样式。

（3）在 head 标记中插入 script 标记，完成 setFont(size)函数的定义。

（4）参照图 1-9-2 进行页面布局，在 body 标记中插入标题、2 个图层；在第一个图层中插入 3 个超链接，并给超链接设置 href、onclick 等属性，完成自定义函数的调用；在第二个图层中插入 1 个段落，给上述元素应用所定义的样式。

需要说明的是通过 DOM 的 document.getElementByID("id")方法获取 HTML 页面元素后，在对该对象的 style 对象的属性进行设置时，需要注意，DOM 中 style 对象的属性与 CSS 样式中常用的属性名称未必相同。HTML DOM Style 对象的属性有背景、边框和边距、布局、列表、杂项、定位、打印、滚动条、表格、文本、规范。详细请参照网站 http://www.w3school.com.cn/htmldom/dom_obj_style.asp。此处仅列举与文本相关的部分属性（如表 1-9-1 所示），便于编程使用。

表 1-9-1　Text 部分属性表

属　　性	描　　述
color	设置文本的颜色
font	在一行设置所有的字体属性
fontFamily	设置元素的字体系列
fontSize	设置元素的字体大小
fontStyle	设置元素的字体样式
fontVariant	用小型大写字母字体来显示文本
fontWeight	设置字体的粗细
letterSpacing	设置字符间距
lineHeight	设置行间距
textAlign	排列文本
textIndent	缩紧首行的文本
textTransform	对文本设置大写效果

项目 2　计算圆的面积

1. 实验要求

(1) 掌握外部 JavaScript 脚本的编程方法,学会在 HTML 文档中引用自定义脚本程序,完成计算圆的面积 compute(radius)、显示圆的面积 show() 等函数的定义,实现页面布局如图 1-9-3 所示。

(2) 学会使用 Document 文档对象模型获取 HTML 页面元素的方法。

2. 实验内容

(1) 定义 JavaScript 外部函数。

(2) 使用事件调用和简约化调用 JavaScript 函数。

(3) 定义图层。

(4) 定义内部样式表。

(5) 定义表单和设置表单元素。

3. 实验中所需标记语法

(1) 图层 div 标记。

```
< div id = "div1" class = ""> … </div>      <! -- 用于放置表单 -->
```

(2) 样式 style 标记。

```
1   < style type = "text/css">
2       / * 图层样式 * /
3       div{ margin:0 auto; background:#66ffcc; border:12px inset #ff0000;
4           width:300px; height:200px; text - align:center; }
5       / * 表单样式 * /
6       form{ margin:0 auto; padding:30px; }
7   </style> 0
```

（3）表单 form 标记。

```
1    < form method = "post" action = "">
2        < label >半径:</label >
< input type = "text" name = "radiustext" id = "radiustext">< br >
3        < label >面积:</label >
< input type = "text" name = "areatext" id = "areatext" readonly >< br >
4        < input type = "button" value = "计算" onclick = "show();"/>
5           < input type = "reset" name = "reset" value = "清空"/>
6    </form >
```

（4）脚本 script 标记。

有两种格式：分别使用 type、language 属性定义。

```
< script type = "text/javascript" src = "area. js"></script >
< script language = "javascript" src = "area. js"></script >
```

4. 页面设计及编程要求

（1）主程序为 prj_9_2_js_ circle_area. html，外部 JavaScript 程序为 area. js。

（2）学会使用图层来进行页面布局，会设置图层边框样式，理解 CSS 盒模型含义，理解边界、边框、填充、内容之间的关系，页面布局如图 1-9-4 所示。

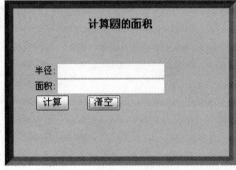

(a) 初始态

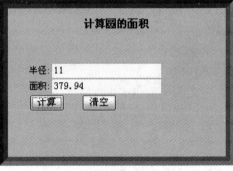

(b) 运行态

图 1-9-4   计算圆的面积页面效果图

（3）利用 Document 文档对象模型获取 HTML 页面元素的方法。

· 通过元素的 ID 获取指定元素：document. getElementById("元素 ID")。

· 通过元素的名称获取一组元素：document. getElementsByName("元素名称")，然后再通过数组去访问其中的每一个元素。

图 1-9-4 所示页面的表单中含有 2 个文本框、2 个按钮。文本框分别用于输入圆的半径和显示圆的面积，其中半径文本框允许输入数值，采取指定 ID 获取该元素输入的数值；面积文本框设置成"只读"文本框（设置文本框的 readonly 属性），通过元素名称获取元素，并将计算出来的面积动态赋值给面积文本框，由于通过元素名称获取的是同类元素的数组，即一次可以同时获取多个同类元素，但该实验中与面积文本框同名的文本框只有唯一的一个，而且数组的下标总是从 0 开始编号，所以可能通过 document. getElementsByName("areatext")[0]. value 方

法来获取或设置圆的面积。如果同名元素有多个，则可以通过下标依次访问其中的任意一个元素。当然也可以通过元素的 ID 获取页面元素，方法与获取半径文本框中的数值相同。

（4）编写外部 JavaScript 脚本函数 area.js，需要自定义 2 个函数，分别是 compute (radius)和 show()，代码如下：

```
1   /* 计算圆的页面 area.js */
2   //计算圆的面积
3   function compute(radius){
4       var pi = 3.14;
5       var area = pi * radius * radius;
6       return area;
7   }
8   //显示圆面积
9   function show(){
10      var radius = parseFloat(document.getElementById("radiustext").value);
11      var area = compute(radius);
12      document.getElementsByName("areatext")[0].value = area;
13      //通过 ID 获取面积文本框中的数值方法
14      //document.getElementById("areatext").value = area;
15      return;
16  }
```

（5）JavaScript 脚本调用方式。

• 事件调用。

```
< p onclick = "show();" style = "background: #00ff00 ">单击我,这是事件调用!</p>
```

• 简约化调用。

```
< a href = "javascript:alert('Hello World!!');">这是行内调用 -- 简约化</a>
```

• 直接调用。
将脚本放置在 body 标记中直接执行。

```
1   < script type = "text/javascript">
2       /* 这是直接调用 JS */
3       document.write("这是直接调用 JS");
4   </script>
```

5. 实验步骤

（1）建立 prj_9_2_js_circle_area.html 文档框架。

（2）在 HTML 文档 head 标记中分别插入样式 style 标记和脚本 script 标记。

（3）在 style 标记中分别定义图层样式、表单样式。

（4）在 script 标记里设置 src 属性，引用外部 js 文件。

（5）在 body 标记中插入标题、图层，在 DIV 中插入 1 个表单、2 个文本框、1 个普通按钮、1 个重置按钮。

（6）编写名为 area.js 的外部 JavaScript 程序，完成计算圆的面积函数 compute（radius）、显示圆的面积函数 show()这 2 个自定义函数。

（7）利用事件调用、简约化调用自定义 JavaScript 函数。

项目 3　消息对话框使用

1. 实验要求

（1）掌握 JavaScript 脚本的编程方法，学会使用事件调用自定义函数 inputName()。

（2）掌握 JavaScript 消息对话框语法，并根据用户的选择进行相关代码编写。

（3）学会使用 Document 文档对象模型获取 HTML 页面元素的方法。

（4）学会使用分支结构编程"if(条件){条件成立时语句块} else {条件不成立时语句块}"。

（5）学会使用域标记＜fieldset＞和域标题标记＜legend＞，通过样式设置域标记的边框样式。

（6）按照图 1-9-5～图 1-9-8 所示的效果完成代码编写。

　　图 1-9-5　消息对话框实验初始页面　　　　图 1-9-6　消息对话框实验运行后页面

　　图 1-9-7　提示信息框页面效果图　　　　　图 1-9-8　告警消息对话框
　　　　　　　　　　　　　　　　　　　　　　　　　　　　页面效果图

2. 实验内容

（1）定义 JavaScript 函数 inputName()，功能是通过提示消息框完成姓名输入并验证是否为空，不为空则通过告警消息框输出。

（2）学会使用事件调用 JavaScript 函数的方法。

（3）定义域和域标题。

（4）定义内部样式表。

（5）定义表单和设置表单元素属性。

3. 实验中所需标记语法

（1）样式 style 标记。

```
1  < style type = "text/css">
2      fieldset{
3          background: #99ff99; border:8px ridge #3333cc;
4          width:300px; height:150px;
5      }
6      legend{color: #0000cc;}
7      form{ margin:20px; padding:20px; }
8  </style>
```

（2）表单 form 标记。

```
1  < form method = "post" action = "">
2      你的姓名: < input type = "text" name = "" id = "name1" maxlength = 10 readonly>< br>< br>
3          
4      < input type = "button" value = "输入姓名" onclick = "inputName();">
5      < input type = "reset" name = "clear" value = "清空">
6  </form>
```

（3）脚本 script 标记。

```
1  < script type = "text/javascript" src = "area.js">
2      function inputname(){
3          var name = prompt("输入你的姓名: ","你好!");
4          if (name! = null){
5              alert("你的姓名是: " + name);
6              document.getElementById("name1").value = name;
7          }else{
8              alert("请你输入姓名!");
9          }
10     }
11 </script>
```

（4）域标记和域标题标记。

```
1  < fieldset >
2      < legend >消息框函数</legend >
3  </fieldset >
```

4. 页面设计及编程要求

（1）主程序为 prj_9_3_js_message_dialog.html。利用 Document 文档对象模型获取 HTML 页面元素,方法同上。主要功能是获取"姓名文本框"这个元素,然后通过 prompt 提示信息框输入的姓名信息后再赋值给姓名文本框。

（2）页面布局元素:页面中有 1 个表单,表单中有 1 个文本框、1 个普通按钮、1 个重置按钮。设置姓名文本框的 ID 为 name1,并设置只读 readonly 属性阻止用户直接输入姓名,在 JavaScript 中通过 Document 文档对象模型获取该元素，以便用户输入姓名后直接赋值给姓名文本框。

（3）参照上述实验内容的要求及样例代码，完成 inputName()自定义函数编写。

（4）JavaScript 脚本事件调用方式如下：

```
< input type = "button" value = "输入姓名" onclick = "inputName();">
```

5. 实验步骤

（1）建立 prj_9_3_js_message_dialog. html 文档框架。

（2）在 HTML 文档 head 标记中分别插入样式 style 标记。

（3）在 style 标记中分别定义 fieldset、legend、form 标记的样式。

（4）在 head 标记中插入 script 标记，并在该标记内定义 inputName()函数。

（5）在 body 标记中插入域、域标题、表单和 1 个只读文本框、1 个普通按钮、1 个重置按钮，并设置元素的相关属性。

（6）在 body 标记中利用事件调用 JavaScript 函数。

项目4 系统内部函数使用

1. 实验要求

（1）掌握 6 个 JavaScript 系统内部函数的语法。

（2）验证 6 个内部函数运行结果，函数验证页面如图 1-9-9 所示。

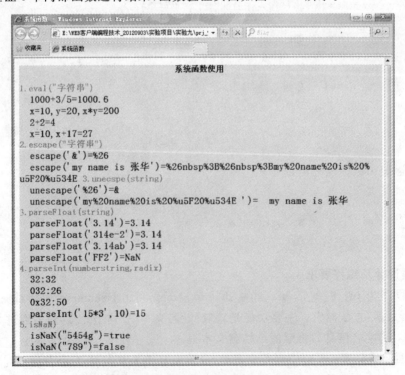

图 1-9-9 系统内部函数使用页面图

2. 实验内容

（1）定义内部样式表。

（2）在 HTML 中学会插入 script 标记。

（3）验证 JavaScript 内部函数。

3. 实验中所需标记语法

（1）样式 style 标记。

```
1   < style type = "text/css">
2       div{
3           background: #000099;
4           color:white;
5           width:700px;
6           font - size:20px;
7           font - weight:bolder;
8       }
9       h4{text - align:center;}
10      b{
11          color:red;
12          font - size:18px;
13      }
14  </style>
```

（2）脚本 script 标记。

```
1   < script type = "text/javascript">
2       //定义变量并赋值
3       var rel = eval("1000 + 3/5");
4       //用 write 方法输出结果
5       document.write("  " + "1000 + 3/5 = " + rel);
6       document.write("< br />")
7       document.write("  " + "x = 10, y = 20, x * y = ");
    eval("x = 10;y = 20;document.writeln(x * y)")
8       document.write("< br/>"  2 + 2 = " + eval("2 + 2"));
9       document.write("< br />");
10      var x = 10;
11      document.write("  " + "x = 10, x + 17 = " + eval(x + 17));
12      document.write("< br />");
13  </script>
```

4. 页面设计及编程要求

（1）主程序为 prj_9_4_js_system_function. html。利用 Document 文档对象模型的 write 方法输入 HTML 流信息，方法是 document.write("信息")，程序主要功能验证 eval("字符串")、escape（"字符串"）、unescape（string）、parseFloat（string）、parseInt（numberstring，radix）、isNaN（testvalue)共 6 个系统内部函数。

（2）将 JavaScript 脚本放置在 body 标记中，直接运行，也可以放置在 head 标记中，但需要编写自定义验证函数,此处省略代码。

5. 实验步骤

(1) 建立 prj_9_4_js_system_function. html 文档框架。

(2) 在 HTML 文档 head 标记中插入样式 style 标记。

(3) 在 style 标记中分别定义 div、p、h4 等标记的样式。

(4) 在 body 标记中插入图层、标题字、脚本标记,编程进行函数验证,并按格式输出结果。

程序代码清单

项目 1   改变网页字号大小 prj_9_1_js_setfont. html

```
1    <!-- 改变网页页面字的大小 prj_9_1_js_setfont. html -->
2    < html >
3       < head >
4          < title > 改变网页页面字的大小 </title>
5          < style type = "text/css">
6             / * 定义图层样式 * /
7             # content{
8                font - size:12px;
9                line - height:200 % ;
10               padding:10px;
11               background: # 000099;
12               color:white;
13               border:2px groove # 0000cc;
14            }
15            / * 定义段落样式 * /
16            p{text - indent:2em;}
17         </style >
18         < script type = "text/javascript">
19            //定义设置字体大小函数
20            function setFont(size){
21               var obj = document. getElementById("content");
22               obj. style. fontSize = size;
23               obj. style. color = " # ff0000";
24            }
25         </script >
26      </head >
27      < body >
28         < h1 align = "center">用 JavaScript 代码改变网页字体大小</h1 >
29         < div >设定字体大小:   < a href = "javascript:setFont('12px')">小</a>  
30            < a href = " # " onclick = "javascript:setFont('18px');">中</a>  
31            < a href = "javascript:setFont('24px');">大</a>
32         </div >
33         < div id = "content">
```

```
34          <p>JavaScript 是一种能让你的网页更加生动活泼的程序语言,也是目前网页设
计中最容易学又最方便的语言.你可以利用 JavaScript 轻易地做出亲切的欢迎讯息、漂亮的数字钟、
有广告效果的跑马灯及简易的彩票选号器,还可以显示浏览器停留的时间.让这些特殊效果提高网
页的可观性.</p>
35          </div>
36      </body>
37 </htmL>
```

项目 2　计算圆的面积

1. 主程序文件 prj_9_2_js_circle_area. html

```
1  <!-- 计算圆的面积 prj_9_2_js_circle_area. html -->
2  <html>
3     <head>
4        <title> 计算圆的面积 </title>
5        <script type = "text/javascript" src = "area. js"></script>
6        <style type = "text/css">
7           div{
8              margin:0 auto;
9           background:#66ffcc;
10              border:12px inset #ff0000;
11              width:300px;
12              height:200px;
13              align:center;
14           }
15           form{
16              margin:0 auto;
17              padding:30px;
18           }
19        </style>
20     </head>
21     <body>
22        <div id = "" class = "">
23           <h3 align = "center">计算圆的面积</h3>
24           <form method = "post" action = "">
25              <label>半径:</label>
26              <input type = "text" name = "radiustext" id = "radiustext"><br>
27              <label>面积:</label>
28              <input type = "text" name = "areatext" id = "areatext" readonly><br>
29              <input type = "button" value = "计算" onclick = "show();"/>
30                
31              <input type = "reset" name = "reset" value = "清空"/>
32           </form>
33        </div>
34     </body>
35 </html>
```

2. 独立 Javascript 文件 area. js

```
1    /*计算圆的页面 area.js*/
2    //计算圆的面积
3    function compute(radius){
4        var pi = 3.14;
5        var area = pi * radius * radius;
6        return area;
7    }
8    //显示圆面积
9    function show(){
10       var radius = parseFloat(document.getElementById("radiustext").value);
11       var area = compute(radius);
12       document.getElementsByName("areatext")[0].value = area;
13       //通过 ID 获取面积文本框中的数值方法
14       //document.getElementById("areatext").value = area;
15       return;
16   }
```

项目 3   消息对话框使用 prj_9_3_js_message_dialog. html

```
1    <!-- JS 消息对话框使用 prj_9_3_js_message_dialog.html -->
2    <html>
3        <head>
4            <title> JS 消息对话框使用 </title>
5            <style type = "text/css">
6            /*定义域样式*/
7            fieldset{
8                background: #99ff99;
9                width:300px;
10               height:150px;
11               border:8px ridge #3333cc;
12           }
13           /*定义域标题样式*/
14           legend{color: #0000cc;}
15           /*定义表单样式*/
16           form{
17               margin:20px;
18               padding:20px;
19           }
20       </style>
21       <script type = "text/javascript">
22           /*定义输入姓名函数*/
23           function inputName(){
24               var name = prompt("输入你的姓名：","你好!");
25               //判断输入姓名是否为空
26               if (name! = null){
27                   alert("你的姓名是：" + name);
28                   //将 name 值赋给 id 为"name1"的文本框
```

```
29                    document.getElementById("name1").value = name;
30                }else{
31                    alert("请你输入姓名!");
32                }
33            }
34    </script>
35    </head>
36    <body>
37        <fieldset>
38            <legend>消息框函数</legend>
39            <form method = "post" action = "">
40                你的姓名: <input type = "text" name = "" id = "name1" maxlength = 10
readonly><br><br>
41                    
42                <input type = "button" value = "输入姓名" onclick = "inputName();">
43                <input type = "reset" name = "clear" value = "清空">
44            </form>
45        </fieldset>
46    </body>
47 </html>
```

项目 4　系统内部函数使用 prj_9_4_js_system_function. html

```
1  <!-- 系统函数 prj_9_4_js_system_function. html -->
2  <html>
3      <head>
4          <title> 系统函数 </title>
5          <style type = "text/css">
6              div{background: #CDEBE6;color: #330;
7              width:750px;font - size:20px;font - weight:bolder;}
8              h4{text - align:center;}
9              b{color:red;font - size:18px;}
10         </style>
11     </head>
12     <body>
13         <div id = "" class = "">
14             <h4>系统函数使用</h4>
15             <b>1. eval("字符串")<br></b>
16             <script type = "text/javascript">
17                 var rel = eval("1 + 3/5");
18                 document.write("  ?" + "1 + 3/5 = " + rel);
19                 document.write("<br />")
20                 document.write("  
" + "x = 10,y = 20,x * y = ");eval("x = 10;y = 20;document.write(x * y)")
21                 document.write("<br/>   ?2 + 2 = " + eval("2 + 2"));
22                 document.write("<br />");
23                 var x = 10;
24                 document.write("  " + "x = 10,x + 17 = " + eval(x + 17));
```

```
25                    document.write("< br />");
26                 </script>
27                 < b > 2. escape("字符串")< br ></b>
28                 < script type = "text/javascript">
29                    / * escape() * /
30                    document.write("  " + "escape('&') = " + escape("&"));
31                    document.write("< br/>");
32                    result = escape("  " + "my name is 张华");
33                    document.write("  " + "escape('my name is 张华
') = " + result);
34                 </script>
35                 < b > 3. unecspe(string)< br ></b>
36                 < script type = "text/javascript">
37                    / * unescape() * /
38                    document.write("  " +
"unescape('%26') = " + unescape("%26"));
39                    document.write("< br/>");
40                    result = unescape("  "
    + "my%20name%20is%20%u5F20%u534E ");
41                    document.write("  " +
"unescape('my%20name%20is%20%u5F20%u534E ') = " + result);
42                 </script>
43                 < b > 4. parseFloat(string)< br ></b>
44                 < script type = "text/javascript">
45                    document.write("  " + "
parseFloat('3.14') = " + parseFloat("3.14"));
46                    document.write("< br />")
47                    document.write("  " +
"parseFloat('314e-2') = " + parseFloat("314e-2"));
48                    document.write("< br />")
49                    document.write("  " +
"parseFloat('3.14ab') = " + parseFloat("3.14ab"));
50                    document.write("< br />")
51                    document.write("  " +
"parseFloat('FF2') = " + parseFloat("FF2"));
52                    document.write("< br />")
53                 </script>
54                 < b > 5. parseInt(numberstring, radix)< br ></b>
55                 < script type = "text/javascript">
56                    document.write("  " + "32:" + parseInt("32"));
57                    document.write("< br />")
58                    document.write("  " + "032:" + parseInt("032"));
59                    document.write("< br />")
60                    document.write("  " + "0x32:" + parseInt("0x32"));
61                    document.write("< br />")
62                    document.write("  " +
"parseIn('15 * 3',10) = " + parseInt("15 * 3",10))
63                    document.write("< br />")
64                 </script>
```

```
65              <b>6.isNaN)<br></b>
66              <script type = "text/javascript">
67                  document.write("  " + "isNaN(\"5454g\") = " + isNaN("
5454g"));
68                  document.write("<br />")
69                  document.write("  " + "isNaN(\"789\") = " + isNaN("789"));
70                  document.write("<br/>")
71              </script>
72          </div>
73      </body>
74  </html>
```

注：本次实验所有项目的代码量为 209 行。

JavaScript 基础

实验十 | JavaScript 程序结构

【实验目标】

1. 掌握 JavaScript 分支结构语法,并学会使用分支结构编程。
2. 掌握 JavaScript 循环结构语法,学会使用多种循环编写应用程序。
3. 掌握多分支 if...else 结构与 switch 结构互换编程。

【实验内容】

1. 用分支结构实现简易代码编程。
2. 用循环结构实现简易代码编程。
3. 用两种多分支结构编写相关程序。
4. 用自定义函数实现相关程序功能。
5. 使用 CSS＋DIV 综合编程。

【实验项目】

1. 成绩百分制转换为五级制。
2. 计算ΣN!

项目 1　成绩百分制转换为五级制

1. 实验要求

五级制成绩表示法,将百分制成绩转换成"优秀、良好、中等、及格、不及格"共 5 个等级。要求能够使用多分支 if…else 和 switch 两种结构并通过编写直接执行 JavaScript 脚本、自定义判定成绩等级的函数两种方法来实现程序功能,程序运行页面如图 1-10-1～图 1-10-3 所示。

图 1-10-1　运行初始页面

图 1-10-2　运行中页面　　　　　　图 1-10-3　运行结束后页面

2. 实验内容

(1) 设置图层的属性。

(2) 熟悉两种多分支结构(if…else if…else、switch)。

(3) 熟悉 JavaScript 脚本编程。

(4) 学会定义 JavaScript 等级转换函数 conversion(score)。

3. 实验中所需标记语法

(1) 图层 div 标记。

```
< div id = "div1">…</div >
```

(2) 样式 style 标记。

```
1  < style type = "text/css">
2      #div1{
3          background: #006600; color:white;
4          width:300px; height:300px;
5          margin:100px auto; font - size:24px;
6          border:8px #009933 double; text - align:center;
7      }
8  </style >
```

(3) 脚本 script 标记。

```
< script type = "text/javascript" src = " * .js">…</script >
```

4. 程序结构

(1) if(){}else{}结构。

• 单分支结构：

```
if (x > 10) alert("单分支结构")
```

• 双分支结构：

```
if (x >= 10) {alert("x 大于等于 10")}else {alert("x 小于 10"); }
```

- 多分支结构：

```
if (x>=90){alert();}
else if (x>=80) { alert();}
else if (x>=70) { alert();}
…
else { alert();}
```

（2）switch 结构。

```
1  switch (level) / * level 是变量 * /
2  {
3      case 1:{result = "优秀";break;}        / * 每一 case 语句均必须以 break; 结束 * /
4      case 2:{result = "良好";break;}
5      case 3:{result = "中等";break;}
6      case 4:{result = "及格";break;}
7      default:{result = "不及格";}           / * 最后一个为默认 default * /
8  }
```

5. JavaScript 自定义函数结构

自定义函数格式：

function 函数名(参数 1,参数 2,…,参数 n){函数体}

```
1  < script type = "text/javascript">
2      //成绩与等级转换函数
3      / * 参数：score,表示输入成绩
4      返回值：result,是等级
5      * /
6      function conversion(score){
7          var result = "",level = 0;
8          if (score>=90){level = 1};
9          if (score<90 && score>=80){level = 2};
10         if (score<80 && score>=70){level = 3};
11         …
12         return result;
13     }
14 </script>
```

6. 编程要求

（1）采用 if (){} else if ()else{}结构和脚本直接编程。要求利用提示对话框函数输入成绩,并将评定等级保存在变量 result 中,最后输出到页面上。

```
1  < script type = "text/javascript">
2  //五级制成绩表示法
3  //采用分支嵌套结构
4      document.write("<b>课程成绩评定</b><br><br>");
5      //利用函数输入一个成绩
```

```
6        var result = "";                              //定义保存评定等级结果的变量
7        var x = prompt("请输入你的成绩: ",0);          //利用提示对话框输入成绩
8        if (x! = null)
9        {   document.write("课程成绩为:" + x + "分");
10           if (x> = 90){ result = "优秀"; alert("1 -- 成绩等级为" + result); }
11           else if (x> = 80){ result = "良好"; alert("2 -- 成绩等级为" + result); }
12           else if (x> = 70){ result = "中等"; alert("3 -- 成绩等级为" + result); }
13           else if (x> = 60){ result = "及格"; alert("4 -- 成绩等级为" + result); }
14           else{ result = "不及格"; alert("5 -- 成绩等级为" + result); }
15       }
16       else{ alert("请重新输入成绩!"); }
17       document.write("< br>成绩等级为:" + result);       //最后输出评定等级
18 </script >
```

（2）采用 switch 结构和脚本直接编程。要求利用提示对话框函数输入成绩,将成绩分为 5 个等级分别对应"1-优秀、2-良好、3-中等、4-及格、5-不及格",用数字等级作为 case 常量,再根据输入成绩所属范围转换成相应的等级,保存在 level 变量中,然后采用 Switch 结构编程,参照上例代码将结果输出到页面上。

```
1   < script type = "text/javascript">
2       //五级制成绩表示法
3       //采用分支嵌套结构
4       document.write("< b>课程成绩评定</b><br><br>");
5       var x = prompt("请输入你的成绩: ",0); //利用函数输入一个成绩
6       if (x! = null)
7       {
8           document.write("课程成绩为:" + x + "分");
9           var level = 0, result = "";
10          if (x> = 90){level = 1};
11          if (x< 90 && x> = 80){level = 2};
12          if (x< 80 && x> = 70){level = 3};
13          if (x< 70 && x> = 60){level = 4};
14          if (x< 60){level = 5};
15          switch (level)
16          {
17              case 1:{result = "优秀";break;}
18              case 2:{result = "良好";break;}
19              case 3:{result = "中等";break;}
20              case 4:{result = "及格";break;}
21              default:{result = "不及格";}
22          }
23          document.write("< br>成绩等级为:" + result);
24      }
25      else{
26          alert(请重新输入成绩!);
27      }
28 </script >
```

JavaScript 程序结构

（3）采用函数编程。要求编写独立的成绩与等级转换函数，将下列代码是放置在 head 标记中，在 body 标记中通过 conversion(score)函数实现调用，将函数值赋给指定的变量。在函数体内可以使用两种多分支结构编程，即 if(){}else if(){}或多分支结构编程。

```
1  < script type = "text/javascript">
2      //成绩与等级转换函数
3      / * 参数:score,表示输入成绩
4        返回值:result,是等级
5      * /
6      function conversion(score){
7          var result = "", level = 0;
8          if (score > = 90){level = 1};
9          if (score < 90 && score > = 80){level = 2};
10         if (score < 80 && score > = 70){level = 3};
11         if (score < 70 && score > = 60){level = 4};
12         if (score < 60){level = 5};
13         switch (level)
14         {
15         case 1:{result = "优秀";break;}
16         case 2:{result = "良好";break;}
17         case 3:{result = "中等";break;}
18         case 4:{result = "及格";break;}
19         default:{result = "不及格";}
20         }
21         return result;
22     }
23 </script >
```

7. 实验步骤

（1）建立 prj_10_1_js_function. html、prj_10_1_js_if_else. html、prj_10_1_js_switch. html 等多文档框架。

（2）在 head 标记中插入内部样式表，运用 CSS 定义图层样式。

（3）在 head 标记中插入 script 标记，在 script 标记里定义 conversion(score)函数。

（4）参照图 1-10-1～图 1-10-3 所示的页面效果，在 body 标记中插入 div 和 script 等相关元素。

（5）完成相关代码编写。

项目 2   计 算 $\sum N!$

1. 实验要求

（1）掌握 For、while、Do...while、For in 等循环语法结构。

（2）能熟悉运行多种循环结构解决实际工程问题。

（3）运用 For 循环实现计算$\sum N!$，页面效果如图 1-10-4 和图 1-10-5 所示。

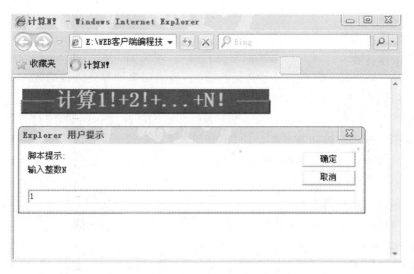

图 1-10-4　计算ΣN! 初始页面

2. 实验内容

（1）定义内部样式表。

（2）掌握 JavaScript 放置与运行方式。

（3）定义域及域标题。

（4）学会利用 For 循环编写应用程序。

3. 实验中所需标记语法

（1）域 fieldset 标记、域标题 legend 标记。

```
1  <fieldset>
2     <legend>计算 1! + 2! + ... + N!</legend>…
3  </fieldset>
```

（2）样式 style 标记。

图 1-10-5　计算ΣN! 结果页面

```
1  <style type = "text/css">
2     fieldset{
3        margin:20px auto; background:#0033ff; color:white;
4        width:300px; padding:0 40px; border:2px outset #009966;
5     }
6     legend{ font - size:28px; color:#99ffff; font - weight:bolder; }
7  </style>
```

（3）脚本 script 标记。

有两种格式：

```
<script type = "text/javascript" [src = "外部文件名称.js"]></script>
<script language = "javascript" [src = "外部文件名称.js"]></script>
```

4. 编程要求

(1) 主程序为 prj_10_2_js_ for. html。

(2) 使用域、域标题标记,将页面信息进行分组,定义 fieldset、legend 标记样式。

(3) 掌握 JavaScript 脚本的放置与运行方式,会使用多种方式进行编程;学会使用提示对话框给变量赋值,并对变量的取值进行判断。

(4) 利用 For 循环、While、Do...while 等循环结构解决实际问题,并进行比较,总结在哪些情况下循环结构可以相互替换使用,不断积累编程经验。

(5) 该实验仅以 For 循环为例编程实现计算 $\sum$N!,其他循环结构可参照编写,在此略去。

5. JavaScript 脚本调用

(1) 事件调用。

```
< input id = "button" type = "button" value = "计算∑N!" onclick = "show();">
```

(2) 直接调用。

将脚本放置在 body 标记中直接执行。

```
1   < script type = "text/javascript">
2       / * 这是直接调用 JS * /
3       document.write("这是直接调用 JS");
4   </script>
```

6. 实验步骤

(1) 建立 prj_10_2_js_for. html、prj_10_2_js_ circulation_function. html 文档框架。

(2) HTML 文档 head 标记中插入样式 style 标记。

(3) 在 style 标记中分别定义域样式、域标题样式。

(4) 分别在 head、body 标记中插入 script 标记,并编写相应的 JavaScript 代码。

(5) 在 body 标记中插入域、域标题标记、脚本等标记。

(6) 利用多种循环编程计算 $\sum$N!,也可以编写通用自定义函数计算 $\sum$N!,函数名compute_sum(n)。

7. 拓展与提高

(1) 采用 While 循环实现计算 $\sum$N!,程序文件名 prj_10_2_js_while. html。

(2) 采用 Do...while 循环实现计算 $\sum$N!,程序文件名 prj_10_2_js_do_while. html。

(3) 采用自定义函数编程实现计算 $\sum$N!,程序文件名 prj_10_2_js_circulation_function. html。函数名为 compute_sum(n)。

- 页面布局要求——采用表格和表单布局,效果如图 1-10-6 所示,其中表格采用 4 行 4 列格局,定义表格 table、td 和 ♯button 的样式属性,使其界面达到如下效果:输入整数 N 的值后,单击"计算$\sum$N!"按钮后,页面效果如图 1-10-7 所示,单击"清空"按钮可以将页面上的所有文本框清空。

- 页面元素获取——利用 Document 对象模型的 getElementById("ID 名称")来获取HTML 页面元素,然后通过对该元素 value 属性获取或赋值来实现页面文本框数据

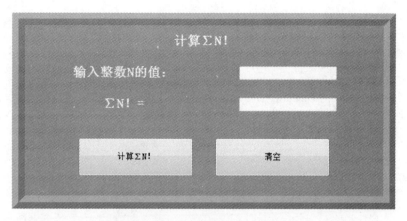

图 1-10-6　计算∑N! 初始页面

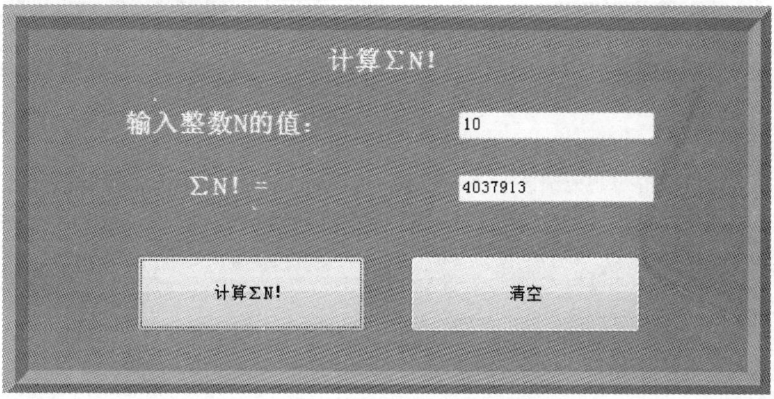

图 1-10-7　输入 N 并单击"计算∑N!"按钮后的页面

的读取和重置。

• 编写外部 js 文件：文件名为 sum_factorial.js，定义的函数为 compute_sum(n)，然后通过单击"计算∑N!"按钮的 onclick 事件来实现 js 函数的调用。

外部 JavaScript 脚本代码如下：

```
1   / * 功能：计算∑N!
2   函数名：sum_factorial.js * /
3   //采用 For 循环实现
4   function compute_sum(n){
5       var result = 1, sum = 0;              //定义保存阶乘累加和、N 阶乘结果的变量
6       for (i = 1; i < = n; i++)
7       {
8           result = result * i;              //计算 i 的阶乘
9           sum = sum + result;               //计算累加到 i 阶乘的和
10      }
11      return sum;                           //返回阶乘累加和
12  }
```

```
13    //显示累加和的函数
14    function show(){
15        var n = parseFloat(document.getElementById("n_text").value);    //拿到文本框的值并
                                                                           //转换成实数
16        var sum = compute_sum(n);              //阶乘计算累加和
17        document.getElementById("sum_text").value = sum;                //向累加和文本框赋值
18        return;                                //结束函数
19    }
```

程序代码清单

项目 1　成绩百分制转换为五级制

1. 采用 if…else 多分支结构、直接执行脚本的代码 prj_10_1_js_if_else.html

```
1    <!-- 五级制成绩表示法 prj_10_1_js_if_else.html -->
2    <html>
3        <head>
4            <title>五级制成绩表示法 </title>
5            <style type = "text/css">
6                #div1{background: #006600;
7                width:300px;height:300px;
8                margin:100px auto;color:white;
9                font - size:24px;text - align:center;
10               border:8px #009933 double;
11               }
12           </style>
13       </head>
14       <body>
15           <div id = "div1" class = "">
16               <!-- 脚本直接实现 -->
17               <script type = "text/javascript">
18                   //五级制成绩表示法
19                   //采用分支嵌套结构
20                   document.write("<b>课程成绩评定</b><br><br>");
21                   //利用函数输入一个成绩
22                   var result = "";
23                   var x = prompt("请输入你的成绩: ",0);
24                   if (x! = null)
25                   {
26                   document.write("课程成绩为:" + x + "分");
27                   if (x > = 90)
28                   {result = "优秀";
29                   alert("1 -- 成绩等级为" + result);}
30                   else if (x > = 80)
31                   {result = "良好";
32                   alert("2 -- 成绩等级为" + result);}
```

```
33              else if (x > = 70)
34              {result = "中等";
35              alert("3 -- 成绩等级为" + result);}
36              else if (x > = 60)
37              {result = "及格";
38              alert("4 -- 成绩等级为" + result);}
39              else{
40              result = "不及格";
41              alert("5 -- 成绩等级为" + result);}
42              }
43              else{
44              alert("请重新输入成绩!");}
45              document.write("< br >成绩等级为:" + result);
46          </script >
47      </div >
48    </body >
49 </html >
```

2. 采用 switch 多分支结构、直接执行脚本的代码 prj_10_1_js_switch. html

```
1  <! -- SWITCH 多分支 prj_10_1_js_switch.html -->
2  < html >
3     < head >
4        < title > SWITCH 多分支 </title >
5        < style type = "text/css">
6            #div1{
7                background: #006600;
8                width:300px;
9                height:300px;
10               margin:100px auto;
11               color:white;
12               font - size:24px;
13               border:8px #009933 double;
14               text - align:center;
15           }
16       </style >
17    </head >
18    < body >
19       < div id = "div1" class = "">
20          < script type = "text/javascript">
21              //五级制成绩表示法
22              //采用分支嵌套结构
23              document.write("< b >课程成绩评定</b>< br >< br >");
24              var x = prompt("请输入你的成绩: ",0);      //利用函数输入一个成绩
25              if (x! = null)
26              {
27                  document.write("课程成绩为:" + x + "分");
28                  var level = 0, result = "";
29                  if (x > = 90){level = 1};
```

```
30          if (x < 90 && x > = 80){level = 2};
31          if (x < 80 && x > = 70){level = 3};
32          if (x < 70 && x > = 60){level = 4};
33          if (x < 60){level = 5};
34          switch (level)
35          {
36              case 1:{result = "优秀";break;}
37              case 2:{result = "良好";break;}
38              case 3:{result = "中等";break;}
39              case 4:{result = "及格";break;}
40              default:{result = "不及格";}
41          }
42          document.write("<br>成绩等级为:" + result);
43      }
44      else{
45      alert(请重新输入成绩!);
46      }
47  </script>
48      </div>
49  </body>
50 </html>
```

3. 采用 switch 多分支结构、函数编程的代码 prj_10_1_js_function. html

```
1  <!-- SWITCH 多分支 prj_10_1_js_function.html -->
2  <html>
3      <head>
4          <title> SWITCH 多分支和函数编程 </title>
5          <style type = "text/css">
6          #div1{
7              background: #006600;
8              width:300px;
9              height:300px;
10             margin:100px auto;
11             color:white;
12             font-size:24px;
13             border:8px #009933 double;
14             text-align:center;
15         }
16         </style>
17         <script type = "text/javascript">
18             //成绩与等级转换函数
19             /*参数: score,表示输入成绩
20             返回值: result,是等级
21             */
22             function conversion(score){
23             var result = "",level = 0;
24             if (score > = 90){level = 1};
```

```
25        if (score < 90 && score >= 80){level = 2};
26        if (score < 80 && score >= 70){level = 3};
27        if (score < 70 && score >= 60){level = 4};
28        if (score < 60){level = 5};
29        switch (level)
30        {
31            case 1:{result = "优秀";break;}
32            case 2:{result = "良好";break;}
33            case 3:{result = "中等";break;}
34            case 4:{result = "及格";break;}
35            default:{result = "不及格";}
36        }
37        return result;
38    }
39    </script>
40    </head>
41    <body>
42        <div id = "div1" class = "">
43            <script type = "text/javascript">
44                //五级制成绩表示法
45                //采用分支嵌套结构
46                document.write("<b>课程成绩评定</b><br><br>");
47                var x = prompt("请输入你的成绩:",0);        //利用函数输入一个成绩
48                var result = "";
49                if (x! = null){
50                    result = conversion(x);
51                    document.write("课程成绩为:" + x + "分");
52                    document.write("<br>成绩等级为:" + result);
53                }else{
54                    alert("请重新输入成绩!");
55                }
56            </script>
57        </div>
58    </body>
59 </html>
```

项目 2   计算 $\sum N!$

1. 采用 For 循环计算 $\sum N!$ prj_10_2_js_for. html

```
1 <!-- 计算 N! prj_10_2_js_for. html -->
2 <html>
3    <head>
4        <title> 计算 N! </title>
5        <style type = "text/css">
6            //定义域样式
7            fieldset{
8                margin:20px auto;
9                background:#0033ff;
```

```
10              width:300px;
11              padding:0 40px;
12              color:white;
13              border:2px outset #009966;
14          }
15          //定义域标题样式
16          legend{
17              font-size:28px;
18              color:#99ffff;
19              font-weight:bolder;}
20      </style>
21    </head>
22    <body>
23      <fieldset>
24          <legend>计算 1!+2!+...+N!</legend>
25          <script type="text/javascript">
26              var n=prompt("输入整数 N",1);//输入整数 N
27              //判断 N是否有效
28              if (n!=null)
29              {
30                  var result=1;sum=0;
31                  for (i=1;i<=n;i++)
32                  {
33                      result=result*i; //计算 i!
34                      document.write("<br>"+i+"!="+result);
35                      sum=sum+result;
36                  }
37                  document.write("<br>阶乘的和="+sum);
38              }
39          </script>
40      </fieldset>
41    </body>
42  </html>
```

2. 采用 While 循环计算 $\sum$N! prj_10_2_js_while. html（代码略）

3. 采用 Do…While 循环计算 $\sum$N! prj_10_2_js_while. html（代码略）

4. 采用自定义函数计算 $\sum$N!

（1）prj_10_2_js_circulation_function. html：

```
1  <!--利用外部函数实现计算 N!prj_10_2_js_circulation_function. html -->
2  <html>
3    <head>
4      <title> 利用外部函数实现计算$\sum$N </title>
5      <script type="text/javascript" src="sum_factorial.js">
6      /引用外部 JS 文件
7      </script>
8      <style type="text/css">
9        table{
```

```
10              background: #339966;
11              width:600px;
12              height:300px;
13              margin:0 auto;
14              color:white;
15              border:20px #66ff66 ridge;
16              cellspacing:0px;
17          }
18      td{
19              font - size:20px;
20              font - weight:bold;
21              text - align:center;
22          }
23      #button{
24              width:180px;
25              height:60px;
26          }
27      </style>
28  </head>
29  <body>
30      <!-- 利用表格布局来实现页面 -->
31      <form method = "post" action = "">
32          <table>
33              <tr>
34                  <td colspan = 4>计算∑N!</td>
35              </tr>
36              <tr>
37                  <td> </td>
38                  <td>输入整数 N 的值：</td>
39                  <td><input type = "text" name = "" id = "n_text"></td>
40                  <td> </td>
41              </tr>
42              <tr>
43                  <td> </td>
44                  <td>∑N! = </td>
45                  <td><input type = "text" name = "" id = "sum_text" readonly></td>
46                  <td> </td>
47              </tr>
48              <tr>
49                  <td colspan = "4">
50                  <input id = "button" type = "button" value = "计算∑N!" onclick = "
show();">  
51                      <input id = "button1" type = "reset" value = "    清空
    ">
52                  </td>
53              </tr>
54          </table>
55      </form>
56  </body>
57 </html>
```

（2）外部 JavaScript 脚本文件 sum_factorial.js：

```
1   /* 功能：计算∑N!
2   函数名：sum_factorial.js */
3   //采用 For 循环实现
4   function compute_sum(n){
5       var result = 1, sum = 0;          //定义保存阶乘累加和、N 阶乘结果的变量
6       for (i = 1; i <= n; i++)
7       {
8           result = result * i;          //计算 i 的阶乘
9           sum = sum + result;           //计算累加到 i 阶乘的和
10      }
11      return sum;                       //返回阶乘累加和
12  }
13  //采用 while 循环实现
14  function compute_sum_while(n){
15      var result = 1, sum = 0;          //定义保存阶乘累加和、N 阶乘结果的变量
16      var i = 1                         //定义循环变量 i
17      while(i <= n)
18      {
19          result = result * i;          //计算 i 的阶乘
20          sum = sum + result;           //计算累加到 i 阶乘的和
21          i = i + 1;                    //等价于 i++,控制循环变量语句
22      }
23      return sum;                       //返回阶乘累加和
24  }
25  //采用 do…while 循环实现
26  function compute_sum_dowhile(n){
27      var result = 1, sum = 0;          //定义保存阶乘累加和、N 阶乘结果的变量
28      var i = 1;                        //定义循环变量 i
29      do
30      {
31          result = result * i;          //计算 i 的阶乘
32          sum = sum + result;           //计算累加到 i 阶乘的和
33          i++;                          //等价于 i = i + 1,控制循环变量语句
34      }
35      while(i <= n)
36      return sum;                       //返回阶乘累加和
37  }
38  //显示累加和的函数
39  function show(){
40      var n = parseFloat(document.getElementById("n_text").value);   //拿到文本框的值并
                                                                       //转换成实数
41      var sum = compute_sum(n);         //阶乘计算累加和
42      document.getElementById("sum_text").value = sum;   //向累加和文本框赋值
43      return;                           //结束函数
44  }
```

注：本次实验所有项目的代码量为 301 行。

实验十一　JavaScript 事件分析

【实验目标】

1. 掌握事件、事件源、事件句柄、事件代码的概念，理解它们之间的关系。
2. 学会指定事件处理程序的方法。
3. 学会编写简单的事件处理程序。

【实验内容】

1. 对表单中输入的数据的正确性进行验证。
2. 自定义表单数据项验证的 JavaScript 函数。
3. 学会使用 Document 文档对象模型获得 HTML 页面元素，并设置或获取对元素的属性值。
4. 学会使用表格进行表单元素定位和布局。
5. 学会编写外部 JavaScript 脚本程序，并正确引用外部 JavaScript 脚本。
6. 熟悉鼠标各类事件的句柄，能够编写鼠标的单击事件、双击事件、移出、移动事件处理程序，实现相应的功能。
7. 使用样式表定义 HTML 中相关元素的样式。

【实验项目】

1. 表单数据验证。
2. 鼠标事件处理程序。

项目 1　表单数据验证

1. 实验要求

完成一个简单的用户注册程序，在用户进行相关信息输入时逐项进行有效性验证。当出现错误时，在输入项的右边标签（label）内用红色加粗方式显示错误信息，并学会用告警消息框输出信息。

表单中需要对 4 个输入项进行有效性验证：

（1）用户名不能以数字字符开始，只能以字母开始，且长度大于等于 6 个字符，小于等于 20 个字符。

（2）密码和重复密码不能和用户名相同，且长度大于等于 6 个字符，小于等于 20 个字符。

（3）邮箱地址符合电子邮件地址的基本语法。

（4）用户名、密码、确认密码和邮箱共 4 个选项必须输入，不能为空。

（5）语义验证，密码和重复密码必须相同。

程序运行页面效果如图 1-11-1～图 1-11-4 所示。

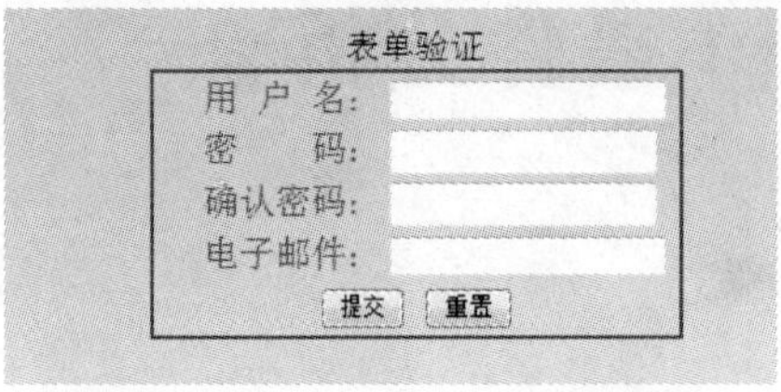

图 1-11-1　表单验证初始页面 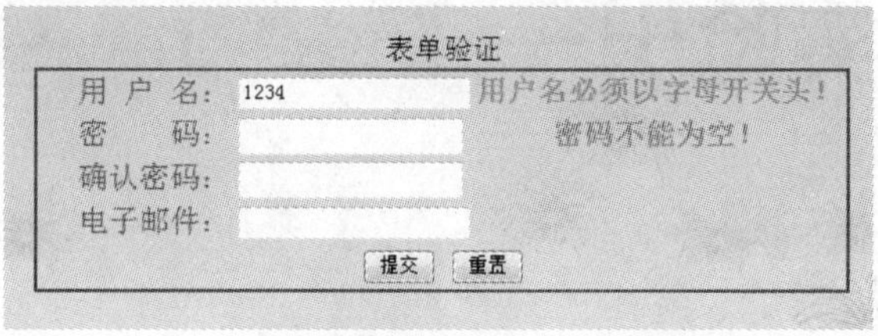　　　　　　图 1-11-2　输入用户名错误时页面效果

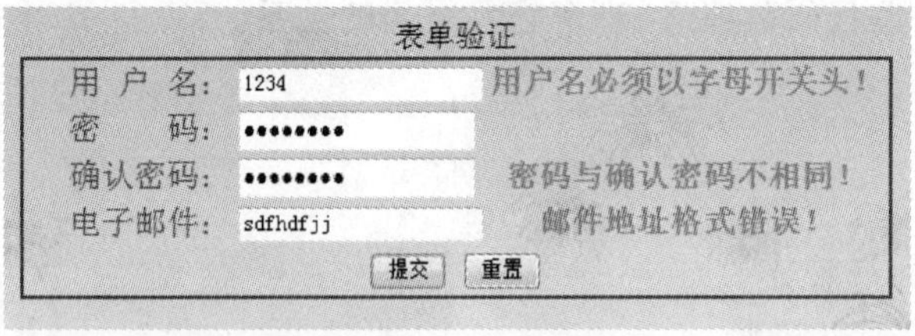

图 1-11-3　输入项目错误时页面效果　　　　图 1-11-4　输入项目完全正确时页面效果

2. 实验内容

（1）设置图层的属性。

（2）熟悉分支结构，并利用分支结构进行简单代码的编程。

（3）能够编写 JavaScript 自定义函数。

（4）学会定义 JavaScript 变量，并给变更赋值。

（5）通过 DOM 访问 HTML 文档指定 ID 号的页面元素。

（6）理解事件驱动机制、事件、事件源、事件句柄和事件处理代码之间的关系。

（7）学会使用表格和表单进行页面布局。

3. 实验中所需标记语法

（1）图层 div 标记。

```
< div id = ""> … </div>
```

（2）样式 style 标记。

```
1    < style type = "text/css">
2        /*定义图层样式*/
3        div{
4            margin:0 auto;
5            background:#00ff99 url("bgimags.jpg");
6            padding:30px 40px 30px;
7        }
8        /*定义表格样式*/
9        table{
10           border:2px #0000cc double;
11           text - align:center;
12           margin:0 auto;
```

```
13        }
14        /*定义单元格*/
15        #td1{
16            text - align:right;
17            font - size:20px;
18            color:#6600ff;
19        }
20        #td2{text - align:left;}
21        /*定义标签样式*/
22        label{
23            color:red;
24            font - weight:bold;
25        }
26 </style>
```

（3）脚本 script 标记。

```
<script type = "text/javascript">…</script>
```

（4）表单 form 标记。

```
1  <form name = "myform" method = "post" action = "" onsubmit = "">
2      <input type = "submit"value = "提交">
3      <input type = "reset" value = "重置">
4  </form>
```

（5）表格 table 标记。

```
1  <table>
2      <caption>表单验证</caption>
3      <tr>
4          <td>  </td>
5          <td id = "td1">用  户  名：</td>
6          <td id = "td2"><input type = "text" name = "username" onblur = "checkusername();">
</td>
7          <td><label id = "err_username"></label></td>
8      </tr>
9      ...
10 </table>
```

4. JavaScript 自定义函数

```
1  function checkusername(){
2      //检查用户名是否有效
3      var name1 = myform. username. value; /*通过元素 name 访问*/
4      var obj = document. getElementById("err_username");
5      obj. innerHTML = "";
6      if (name1 == "" || name1 == null)            //为空或不输入时
7      {
```

```
8              obj.innerHTML = "用户名不能为空!";
9              alert("用户名不能为空!");
10         }
11     else                                          //有内容时
12     {
13             var firstchar = name1.charAt(0);
14             if (firstchar >= "0" && firstchar <= "9")        //首字符不能为数字
15             {
16                 obj.innerHTML = "用户名必须以字母开头!";
17             }else {
18                 if (name1.length < 6 || name1.length > 20) //
19                 {
20                     obj.innerHTML = "用户名长度大于等于 6 且小于等于 20!";
21                 }
22             }
23         }
24 }
25 /* 检查密码有效性 */
26 function checkpassword(){
27     //密码的长度必须大于等于 6,小于等于 20,而且不能等同于用户名
28     ...
29 }
30 /* 检查确认密码有效性 */
31 function checkpassword_1(){
32     var pwd1 = myform.confirmpassword.value;
33     var pwd = myform.password.value;                  //存放密码值
34     var obj = document.getElementById("err_password_1");    //取标签的内容
35     obj.innerHTML = "";
36     if (pwd1! = pwd)
37     {
38         obj.innerHTML = "密码与确认密码不相同!";
39     }
40 }
41 /* 检查邮件地址的有效性 */
42 function checkemail(){
43     var mail = myform.mail.value;
44     var apos = mail.indexOf("@");
45     var dotpos = mail.lastIndexOf(".")
46     var obj = document.getElementById("err_email");      //取标签的内容
47     obj.innerHTML = "";
48     if (dotpos - apos < 2)
49     {
50         obj.innerHTML = "邮件地址格式错误!";
51     }
52 }
```

5. 事件处理句柄与事件处理程序的绑定

```
< input type = "text" name = "username" onblur = "checkusername();">
< input type = "password" name = "password" onblur = "checkpassword();">
```

```
< input type = "password" name = "confirmpassword" onblur = "checkpassword_1();">
< input type = "text" name = "mail" onblur = "checkemail();">
```

Onblur 是失去焦点事件句柄,给 onblur 句柄指定事件处理程序。

6. 编程要求

(1) 采用逐项进行数据有效性验证。

- 要求分别对用户名、密码、确认密码、电子邮件进行验证,验证规则如实验要求,所有文本框在失去焦点时触发事件,并执行事件处理程序,对相关数据进行合法性、有效性验证,并将错误信息通过文本框右边的标签和告警信息对话框显示,如图 1-11-5 所示。

图 1-11-5　错误信息显示方式页面

- 分别编写 4 个验证函数,分别是 checkUsername( ){ }检查用户名有效性；checkPassword(){}检查密码有效性；checkPassword_1(){}检查确认密码有效性；checkEmail(){}检查电子邮件有效性。
- 在自定义函数中使用双分支结构,代码如下:

```
1  /* 检查密码是否为空 */
2  if (pwd == "" || pwd == null)              //密码为空
3      {
4      obj.innerHTML = "密码不能为空!";         //直接在输入框右边显示错误信息
5      alert("密码不能为空!");                   //用告警信息框输入消息
6  }else{
7      //检查密码的长度是否有效
8      alert("密码正确!");                       //用告警信息框输入消息
9  }
```

- 利用标签显示错误信息。通过 Document 的 getElementById("ID")方法获取指定的 ID 的元素,然后利用元素的 innerHTML 属性设置或返回指定标签的内容,其中 HTML DOM innerHTML 属性是表示设置或返回表格行的开始与结束标签之间的 HTML 内容。如下所示的部分程序代码功能是:有错误就显示错误信息,没有错误就不显示任何信息。

```
var obj = document.getElementById("err_password");   //取标签的内容
obj.innerHTML = "";                                   //文本框获得焦点时清空原来的错误信息
obj.innerHTML = "密码不能为空!";                        //检查有错时,直接在输入框右边显示错误
信息
```

- 需要使用的字符串处理函数。

函数名：indexOf()方法可返回某个指定的字符串值在字符串中首次出现的位置。

语法：stringObject. indexOf(searchvalue,fromindex)，各参数使用说明如表 1-11-1 所示。

表 1-11-1　indexOf()函数参数说明

参　　数	描　　述
searchvalue	必需，规定需检索的字符串值
fromindex	可选的整数参数。规定在字符串中开始检索的位置。它的合法取值是 0～ stringObject. length−1。如省略该参数，则从字符串的首字符开始检索

函数名：lastIndexOf()返回字符串中一个子串最后一处出现的索引（从右到左搜索），如果没有匹配项，返回−1。

语法：stringObject. lastIndexOf(searchvalue,fromindex)，各参数使用说明如表 1-11-2 所示。

表 1-11-2　lastIndexOf()函数参数说明

参　　数	描　　述
searchvalue	必需，规定需检索的字符串值
fromindex	可选的整数参数。规定在字符串中开始检索的位置。它的合法取值是 0～ stringObject. length−1. 如省略该参数，则从字符串的最后一个字符处开始检索

函数名：charAt()可返回指定位置的字符。

请注意，JavaScript 并没有一种有别于字符串类型的字符数据类型，所以返回的字符是长度为 1 的字符串。

语法：stringObject. charAt(index)，各参数使用说明如表 1-11-3 所示。

表 1-11-3　charAt()函数参数说明

参　　数	描　　述
index	必需，表示字符串中某个位置的数字，即字符在字符串中的下标

(2) 采用一次性提交表单进行数据有效性验证。

- 要求编写通用的验证表单输入项的合法性外部 JavaScript 程序，文件名为 formcheck. js，详见后附的"程序代码清单"。

```
1    /* 表单验证主要函数 formcheck. js */
2    //验证一个对象的 value 值是否有效
3    function validate_value(target){
4        if (target.value == null || target.value == ""){ return false; //返回假值
5        else{ return true;      //返回真值
6    }
```

- 编写表单验证函数 validForm()，返回值为真时，进行 action 指定的页面 begin.

html,返回值为假停留在当前页面,用户继续输入正确信息。

- 显示错误信息的方法同上。

7. 实验步骤

(1) 建立 prj_11_1_js_event_form. html 和 prj_11_2_js_event_form. html 文档框架。

(2) 在 head 标记中插入内部样式表,分别运用 CSS 定义样式。

(3) 在 head 标记中插入脚本 script 标记,并在 script 标记中定义自定义函数。

(4) 参照图 1-11-1～图 1-11-5 所示的页面效果,在 body 标记中添加代码,实现表单验证功能。

8. 拓展与提高

本次实验如果要求通过表单的"提交"按钮事件进行验证,应如何编程?

项目 2   鼠标事件处理程序

1. 实验要求

(1) 理解鼠标事件类型、事件句柄、事件处理程序的关系。

(2) 学会运用 JavaScript 脚本编写自定义函数实现相关功能。

(3) 通过事件处理程序改变图层的背景颜色。通过编写鼠标事件代码实现上述功能,页面效果如图 1-11-6 和图 1-11-7 所示。

图 1-11-6   运行初始状态页面

图 1-11-7   移动鼠标并单击效果页面

2. 实验内容

(1) 定义内部样式表。

(2) 掌握 JavaScript 放置与运行方式。

(3) 学会事件句柄和事件处理程序绑定的方式。

3. 实验中所需标记语法

(1) 表单 form 标记。

```
1  < form name = "form1" method = "post" action = "">
2      < input type = "text" name = "" id = "mtext">
3  </form >
```

(2) 样式 style 标记。

```
1  < style type = "text/css">
2      form{ text – align:center; }
```

```
3       div{
4            background:#33ff99;
5            width:400px;
6            height:200px;
7            margin:0 auto;
8       }
9    </style>
```

在 style 标记中定义 form 标记、div 标记样式。

（3）脚本 script 标记。

```
1    <script type="text/javascript">
2        function mover() {
3            var obj = document.getElementById("mybody");
4            obj.style.background = "#99cc66";}
5    </script>
```

（4）标题字 h3 标记

```
<h3 align="center">鼠标事件处理</h3>
```

（5）水平分隔线 hr 标记。

```
<hr color="red" size="3">
```

4. 编程要求

（1）主程序为 prj_11_5_js_event_mouse.html。掌握事件处理程序指定方式，会使用多种方式进行编程；学会编写简单的事件处理程序，实现简单的功能。

（2）学会编写鼠标移入、移出、经过、单击、双击的简单事件处理程序，实现图层背景的改变和表单文本框内容的变更，其函数名分别为鼠标移过 mover()、鼠标移出 mout()、鼠标移动 mmove()、鼠标按下 mdown()、鼠标单击 mclick()、鼠标双击 mdclick()，其事件处理程序如下：

```
1    function mover() {
2        var obj = document.getElementById("mybody");
3        obj.style.background = "#99cc66";}
4    function mout() {
5        var obj = document.getElementById("mybody");
6        obj.style.background = "#ff33ff";}
7    function mmove() {
8        var obj = document.getElementById("mybody");
9        obj.style.background = "#0033ff";}
10   function mdown() { form1.mtext.value = "按下鼠标";}
11   function mclick() { form1.mtext.value = "单击鼠标";}
12   function mdclick() { form1.mtext.value = "双击鼠标";}
```

（3）图层事件句柄与事件处理程序绑定的方法。

```
< div id = "mybody" onmouseOver = "mover()" onMouseOut = "mout()" onMouseMove = "mmove()"
onclick = "mclick();" onmousedown = "mdown()"      ondblclick = "mdclick();" >
```

5. 实验步骤

（1）建立 prj_11_5_js_event_mouse. html 文档框架。

（2）在 HTML 文档 head 标记中插入样式 style 标记。

（3）在 style 标记中分别定义图层样式、表单样式。

（4）在 head 标记中插入 script 标记，并编写自定义函数实现鼠标相关事件的处理程序。

（5）在 body 标记中插入 from 标记，在表单中插入 1 个文本框。

程序代码清单

项目1　表单验证

1. 采用逐项验证程序 prj_11_1_js_event_form. html

```
1   <!-- 表单验证 prj_11_1_js_event_form.html -->
2   < html >
3     < head >
4       < title > 表单验证 </title>
5       < style type = "text/css">
6         div{
7             margin:0 auto;
8             background: #00ff99 url("bgimags.jpg");
9             padding:30px 40px 30px;
10        }
11        table{
12            border:2px #0000cc double;
13            text-align:center;
14            margin:0 auto;
15        }
16        #td1{
17            text-align:right;
18            font-size:20px;
19            color:#6600ff;
20        }
21        #td2{
22            text-align:left;
23        }
24        label{
25            color:red;
26            font-weight:bold;
```

```
27              }
28          </style>
29          <script type="text/javascript">
30              //检查用户名的有效性、必填项验证
31              function checkUsername(){
32                  var name1 = myform.username.value;                    //全局变量
33                  var obj = document.getElementById("err_username");
34                  obj.innerHTML = "";
35                  if (name1 == "" || name1 == null)                      //为空或不输入时
36                  {
37                      obj.innerHTML = "用户名不能为为空!";
38                      alert("用户名不能空!");
39                  }else{                                                 //有内容时
40                      var firstchar = name1.charAt(0);
41                      if (firstchar >= "0" && firstchar <= "9")          //首字符不能为数字
42                      {
43                          obj.innerHTML = "用户名必须以字母开关头!";
44                      }else {
45                          if (name1.length < 6 || name1.length > 20) //
46                          {
47                              obj.innerHTML = "用户名长度大于等于 6 且小于等于 20!";
48                          }
49                      }
50                  }
51              }
52              /* 密码有效性检查 */
53              function checkPassword(){
54                  //不能为空
55                  var name1 = myform.username.value;
56                  var pwd = myform.password.value;                       //存放密码值
57                  var obj = document.getElementById("err_password");    //取标签
58                  obj.innerHTML = "";
59                  if (pwd == "" || pwd == null)                          //密码为空
60                  {
61                      obj.innerHTML = "密码不能为空!";                    //在输入框右边显示错误信息
62                      alert("密码不能为空!");                             //用告警信息框输入消息
63                  }else{
64                      if (pwd.length < 6 || pwd.length > 20)             //检查密码长度
65                      {
66                          obj.innerHTML = "密码长度不能小于 6 或大于 20!";
67                      }else{                                             //检查密码是否与用户名相同
68                          if (pwd == name1)
69                          {
70                              obj.innerHTML = "密码不能与用户名相同!";
71                          }
72                      }
73                  }
74              }
75              /* 检查确认密码有效性 */
76              function checkPassword_1(){
```

```
77                var pwd1 = myform. confirmpassword. value;
78                var pwd = myform. password. value;                    //存放密码值
79                var obj = document. getElementById("err_password_1"); //取标签
80                obj. innerHTML = "";
81                if (pwd1! = pwd){
82                    obj. innerHTML = "密码与确认密码不相同!";
83                }
84            }
85            /* 检查邮件地址的有效性 */
86            function checkEmail(){
87                var mail = myform. mail. value;
88                var apos = mail. indexOf("@");
89                var dotpos = mail. lastIndexOf(".")
90                var obj = document. getElementById("err_email");        //取标签
91                obj. innerHTML = "";
92                if (dotpos – apos < 2){
93                    obj. innerHTML = "邮件地址格式错误!";
94                }
95            }
96        </script>
97    </head>
98    <body>
99        <div id = "" class = "">
100            <form name = "myform" method = "post" action = "" onsubmit = "">
101                <table>
102                    <caption>表单验证</caption>
103                    <tr>
104                        <td> </td>
105                        <td id = "td1">用  户  名: </td>
106                        <td id = "td2">
107                            <input type = "text" name = "username" onblur =
"checkUsername();">
108                        </td>
109                        <td><label id = "err_username"></label></td>
110                    </tr>
111                    <tr>
112                        <td>  </td>
113                        <td id = "td1">密     码: </td>
114                        <td id = "td2">
115                            <input type = "password" name = "password" onblur =
"checkPassword();">
116                        </td>
117                        <td><label id = "err_password"></label></td>
118                    </tr>
119                    <tr>
120                        <td>  </td>
121                        <td id = "td1">确认密码: </td>
122                        <td id = "td2">
123                            <input type = "password" name = "confirmpassword" onblur =
"checkPassword_1();">
```

实
验
十
一

```
124                        </td>
125                        <td><label id = "err_password_1"></label></td>
126                    </tr>
127                    <tr>
128                        <td>  </td>
129                        <td id = "td1">电子邮件:</td>
130                        <td id = "td2">
131                            <input type = "text" name = "mail" onblur = "checkEmail();">
132                        </td>
133                        <td><label id = "err_email"></label></td>
134                    </tr>
135                    <tr>
136                        <td colspan = "4">
137                            <input type = "submit"value = "提交">
138                            <input type = "reset" value = "重置">
139                        </td>
140                    </tr>
141                </table>
142            </form>
143        </div>
144    </body>
145 </html>
```

2. 采用表单提交验证程序 prj_11_2_js_event_form. html

```
1  <!-- 表单提交验证 prj_11_2_js_event_form. html -->
2  <html>
3      <head>
4          <title>表单提交验证</title>
5          <script type = "text/javascript" src = "formcheck. js"></script>
6          <script type = "text/javascript">
7              //设置不同的错误信息
8              function setErrorInfomation(idname, information){
9                  var obj = document. getElementById(idname);
10                 obj. innerHTML = "";
11                 obj. innerHTML = information;
12             }
13             function validForm(){
14                 //通过对象的名称访问对象的元素,也可以通过 ID 获取页面元素
15                 var username = myform. username;
16                 var pwd = myform. password;
17                 var pwd1 = myform. confirmpassword;
18                 var email = myform. mail;
19                 //验证用户名是否输入
20                 if (!validate_value(username)) {          //取反
21                     alert("请注意\n 用户名不能为空!");
22                     setErrorInfomation("err_username","用户名不能为空!");
23                     return false;
24                 }
```

```
25              //验证用户名首字符不能为数字
26              if (!validate_character(username.value.charAt(0))){
27                  alert("请注意\n用户名首字符不能为数字!");
28                  setErrorInfomation("err_username","用户名首字符不能为数字!");
29                  return false;
30              }
31              //验证用户名的长度
32              if (!validate_string_length(username.value,6,20)){
33                  alert("请注意\n用户名长度不能小于6或大于20!");
34                  setErrorInfomation("err_username","用户名长度不能小于6或大
于20!");
35                  return false;
36              }
37              //验证电子邮件地址
38              if (!validate_email(email.value)){
39                  alert("请注意:\n电子邮件地址不正确,重输入!");
40                  setErrorInfomation("err_email","电子邮件地址不正确,重输入!");
41                  return false;
42              }
43              //其他功能请自行补充
44          }
45      </script>
46      <style type="text/css">
47          div{
48              margin:0 auto;
49              background:#00ff99 url("bgimags.jpg");
50              padding:30px 40px 30px;
51          }
52          table{
53              border:2px #0000cc double;
54              text-align:center;
55              margin:0 auto;
56          }
57          #td1{
58              text-align:right;
59              font-size:20px;
60              color:#6600ff;
61          }
62          #td2{
63              text-align:left;
64          }
65          label{
66              color:red;
67              font-weight:bold;
68          }
69      </style>
70  </head>
71  <body>
72      <div id="" class="">
```

JavaScript 事件分析

```
73              < form name = "myform" method = "post" action = "begin. html" onsubmit = "return
validForm();">
74                  < table >
75                      < caption >表单验证</caption >
76                      < tr >
77                          < td >  </td >
78                          < td id = "td1">用  户  名: </td >
79                          < td id = "td2">< input type = "text" name = "username" ></td >
80                          < td >< label id = "err_username"></label ></td >
81                      </tr >
82                      < tr >
83                          < td >   </td >
84                          < td id = "td1">密    码: </td >
85                          < td id = "td2">< input type = "password" name = "password" ></td >
86                          < td >< label id = "err_password"></label ></td >
87                      </tr >
88                      < tr >
89                          < td >   </td >
90                          < td id = "td1">确认密码: </td >
91                          < td id = "td2">< input type = "password" name = "confirmpassword"
></td >
92                          < td >< label id = "err_password_1"></label ></td >
93                      </tr >
94                      < tr >
95                          < td >   </td >
96                          < td id = "td1">电子邮件: </td >
97                          < td id = "td2">< input type = "text" name = "mail" ></td >
98                          < td >< label id = "err_email"></label ></td >
99                      </tr >
100                     < tr >
101                         < td colspan = "4">
102                             < input type = "submit"value = "提交">
103                             < input type = "reset" value = "重置">
104                         </td >
105                     </tr >
106                 </table >
107             </form >
108         </div >
109     </body >
110 </html >
```

3. 外部验证 JS 程序 formcheck. js

```
1  /* 表单验证主要函数 formcheck. js */
2  //验证一个对象的 value 值是否有效
3  function validate_value(target){
4      if (target. value == null || target. value == "")
5      {
6          return false;                    //返回假值
```

```
7        }else{
8            return true;                    //返回真值
9        }
10 }
11 //验证两个字符串是否相等
12 function validate_string_equal(str1,str2){
13     if (str1 == str2)
14     {
15         return true;                    //返回真值
16     }else{
17         return false;                   //返回假值
18     }
19 }
20 //验证字符 ch是否数字字符
21 function validate_character(ch){
22     if (ch>="0" && ch<="9")
23     {
24         return false;                   //返回假值
25     }else{
26         return true;                    //返回真值
27     }
28 }
29 //检查给定的字符串长度是否在[min,max]之间
30 function validate_string_length(str,min,max){
31     if (str.length>=min && str.length<=max)
32     {
33         return true;                    //返回真值
34     }else{
35         return false;                   //返回假值
36     }
37 }
38 //检查邮件地址是否正确,形式为"**@*.*",其中@与.之间至少有一个字符
39 function validate_email(email){
40     var posa = email.indexOf("@");
41     var posdot = email.lastIndexOf(".");
42     if (posa!=-1 && posdot!=-1 && posdot-posa>2)
43     {
44         return true;                    //返回真值
45     }else{ return false;                //返回真值
46     }
47 }//其他功能请自行补充
```

项目 2　鼠标事件处理程序 prj_11_3_js_event_mouse. html

```
1 <!-- 鼠标事件处理程序 prj_11_3_js_event_mouse.html -->
2 <html>
3     <head>
4         <title> 鼠标事件处理程序 </title>
```

```
5            < style type = "text/css">
6                form{text - align:center;}
7                div{background: #33ff99;width:400px;height:200px;margin:0 auto;}
8            </style>
9            < script type = "text/javascript">
10               function mover() {
11                   var obj = document.getElementById("mybody");
12                   obj.style.background = " #99cc66";}
13               function mout() {
14                   var obj = document.getElementById("mybody");
15                   obj.style.background = " #ff33ff";}
16               function mmove() {
17                   var obj = document.getElementById("mybody");
18                   obj.style.background = " #0033ff";}
19               function mdown() {
20                   form1.mtext.value = "按下鼠标";}
21               function mclick() {
22                   form1.mtext.value = "单击鼠标";}
23               function mdclick() {
24                   form1.mtext.value = "双击鼠标";
25               }
26           </script>
27       </head>
28       < body  >
29           < div id = "mybody" onmouseOver = "mover()" onMouseOut = "mout()" onMouseMove = "
mmove()" onclick = "mclick();" onmousedown = "mdown()"      ondblclick = "mdclick();" >
30               < h3 align = "center">鼠标事件处理</h3>
31               < hr color = "red" size = "3">
32               < form name = "form1" method = "post" action = "">
33                   < input type = "text" name = "" id = "mtext">
34               </form>
35           </div>
36       </body>
37   </html>
```

注：本次实验所有项目的代码量为 341 行。

实验十二　DOM 与 BOM

【实验目标】

1. 理解 DOM 树型结构和节点的概念，学会利用 DOM 进行简单交互式编程。

2. 了解 BOM 结构图，学会利用 window 对象进行简单交互式编程。

3. 理解 JavaScript 的对象类型，掌握 Array、String、Date、Number、Math 等对象的常用属性和方法。

4. 学会配置 Web 服务器，并完成网站发布。

【实验内容】

1. 使用循环结构实现机选多注彩票。

2. 使用 JavaScript 常用内部对象的属性和方法进行编程。

3. 使用 Document 文档对象产生 HTML 页面元素，并获取或设置页面元素的属性。

4. 使用 Document 文档对象删除 HTML 页面元素。

5. 使用表单中列表框实现简易列表编程实验。

6. 使用表格进行简易页面布局。

7. 使用 CSS 样式表对页面元素进行样式定义。

8. 使用 EasyPHP 配置 Web 服务器并完成网站信息发布。

［实验项目］

1. 福利彩票投注助手。

2. 双向选择列表框。

3. Web 服务器配置与信息发布（EasyPHP）。

项目1　福利彩票投注助手

1. 实验要求

设计一个简单福利彩票投注助手程序，页面设计效果如图 1-12-1 所示。功能要求如下：

（1）在图 1-12-1 中，单击"投注"按钮，在左边文本框中产生一注彩票号码，如图 1-12-2 所示。

（2）在图 1-12-1 中，单击"清空"按钮，将所有文本框内容清空。

（3）福利彩票号码由 6 个号码，外加 1 个特别号，共 7 个号码组成，号码范围为 01～30 之间的任意一个数。使用随机数产生[01,30]之间的任意一个整数。

（4）学会使用本地对象 Math 的 random()、floor()等方法来实现随机产生 7 个随机两

图 1-12-1　简易福彩投注前页面

图 1-12-2　简易福彩投注页面

位整数；学会使用 JavaScript 内部核心对象 Array 数组的 join()、length 等方法与属性。

（5）学会访问 DOM 对象的方法。

（6）学会创建 DOM 对象、添加子节点、删除子节点等方法。

（7）学会给 HTML 标记指定事件处理程序。

（8）学会采用图层与表格、表单等布局技术进行简易 Web 应用程序设计。

2. 实验内容

(1) 编程 JavaScript 自定义函数。

(2) 利用各种事件指定方式为事件指定事件处理程序。

(3) 设置图层的属性。

(4) 使用循环结构和循环环嵌套结构进行编程。

(5) 使用文档对象模型获取指定 ID 的 HTML 页面元素。

(6) 创建 DOM 节点、添加子节点、删除子节点。

(7) 使用 JavaScript 的本地对象和内建对象的属性和方法解决实际工程问题。

3. 实验中所需标记语法

(1) 图层 div 标记。

```
< div id = ""> … </div >
```

(2) 样式 style 标记。

```
1   < style type = "text/css">
2      div{
3          background: #006600 url("ico_71.gif") left top no - repeat;
4          width:650px;
5          height:300px;
6          margin:100px auto;
7          border:2px dotted #ff3300;
8          color:white;
9      }
10     form{margin:0 auto;}
11     table{ margin:0 auto; font - weight:bold; }
12     h2{ font - size:28px; text - align:center; }
13     select{ width:400px; height:145px; }
14     input{ width:80px; height:40px; }
15  </style >
```

在< style >标记中定义 div、form、table、h2、select、input 等标记的样式。

(3) 脚本 script 标记。

```
1  < script type = "text/javascript" src = " * . js">…</script >
```

(4) 表单 form 标记。

```
1  < form name = "myform" method = "post" action = "" onsubmit = "">
2     < input type = "button" value = "机选 1 注" onclick = "selectNumber(1);">
3     < input type = "button" value = "机选 5 注" onclick = "selectNumber(5);">
4     …
5  </form >
```

（5）表格 table 标记。

```
1   < table >
2       < tr >
3           < td >< input type = "button" value = "机选 1 注"></td>
4           < td rowspan = "3"> …</td>
5       </tr>
9   </table>
```

（6）列表框 select 标记。

```
1   < select name = "number7" id = "number7" size = "5">
2       < option value = "c3">机选 1 注</option>
3       < option >...</option>
4       ...
5   </select>
```

设置列表框的 multiple 属性可以使列表框支持多选，设置选项 option 标记的 selected
属性可以使某一列表项处于初始选中状态。

4. 定义 JavaScript 函数

```
1   function selectNumber(n){
2       //彩票选号助手
3       var number = new Array();
4       var objsel = document.getElementById("number7");
5       var selnum = objsel.options.length;              //保存选项添加前总数
6       for (j = 0;j <= n - 1;j++)
7       {
8           var list = "";
9           for (i = 0;i <= 6 ;i++)
10          {
11              number[i] = Math.floor(Math.random() * 30 + 1);   //下舍入
12              if (number[i]< 10) {number[i] = "0" + number[i]; }
13          }
14          list = number.join(" ");                      //1 注彩票号码
15          //写入到列表框中
16          var opt = document.createElement("option");
17          var opt_text = document.createTextNode(list);
18          opt.value = j;
19          opt.appendChild(opt_text);
20          objsel.appendChild(opt);
21      }
22      //始终将新添加的第一个列表项作为预选项
23      objsel.selectedIndex = selnum;
24  }
25  function delSelect()        {
26      //删除列表项
27      var objSelect = document.getElementById("number7");
```

```
28        var strIndex = objSelect.selectedIndex;
29        if (strIndex! = - 1){
30            objSelect.options.remove(strIndex);
31        }else{
32            alert("请先选择列表项后再删除!");
33        }
34 }
35 function delSelectAll()       {
36        //删除所有列表项
37        var objSelect = document.getElementById("number7");
38        var strIndex = objSelect.options.length;
39        if (strIndex > 0){
40            for (i = 0;i < = strIndex - 1;i++)
41            {
42                objSelect.options.remove(0);
43            }
44        }else{
45            alert("请先选择列表项后再删除!");
46        }
47 }
```

5. 事件处理句柄与事件处理程序的绑定

```
< input type = "button" value = "机选 1 注" onclick = "selectNumber(1);">
< input type = "button" value = "机选 5 注" onclick = "selectNumber(5);">
< input type = "button" value = "机选 10 注" onclick = "selectNumber(10);">
< input type = "button" value = "删除" onclick = "delSelect();">
< input type = "button" value = "全部删除" onclick = "delSelectAll();">
```

6. DOM 节点访问、创建、修改

(1) 访问指定节点。

- 按指定 ID 访问节点：getElementById(idname)，返回指定的元素。

- 按指定 Name 访问节点：getElementsByName(name)，返回同名元素数组。

- 按指定 Tagname 访问节点：getElementsByTagName(tagname)，返回带有指定标记名的对象的集合。

(2) 创建 DOM 节点的方法。

- 创建元素节点：createElement(tagname)，创建标记名为 tagname 的节点。

- 创建文本节点：createTextNode(text)，创建包含文本 text 的文本节点。

- 创建文档碎片：createDocumentFragment()，documentFragment 是一个无对象的 document 对象。

(3) 修改节点方法。

- 删除一个子节点：removeChild("节点名")。

- 添加子结点：父节点对象.appendChild(子结点对象)。

- 在指定节点前插入一个节点：insertBefore(B,A)，将 B 元素插入到 A 元素前。

- 用一个节点替换另一个节点：replaceChild(newChild,oldChild)。

- 克隆一个节点：cloneNode(boolean)有一个参数，若为 true，则带文字；若为 false，则不带文字。

7．编程要求

(1) 主程序分别为 prj_12_1_object_core.html 和 prj_12_1_object_fucai7.html。

(2) 掌握事件处理程序指定方式，会编写简单事件处理程序；学会给按钮指定事件处理程序。

(3) 学会创建和删除 DOM 节点的方法。

8．实验步骤

(1) 建立 prj_12_1_object_core.html 和 prj_12_1_object_fucai7.html 文档框架。

(2) 在 head 标记中插入 style 标记，在 style 标记中分别定义 div、form、table、select、input、h2 等标记样式。

(3) 在 head 标记中插入 script 标记，在 script 标记中定义 3 个自定义函数，分别为 selectNumber(n)（产生 n 注号码）、delSelect()（删除选中项）、delSelectAll()（删除所有项目）。

(4) 参照图 1-12-1 所示的效果进行页面布局，并在 body 标记中分别插入图层、表单、表格和表单元素，给表单元素的标记指定事件处理程序，完成代码编写。

9．拓展与提高

模仿"北京福彩网"(URL：http://www.bwlc.net/buy/loto/)设计一个"福利彩票机选号码助手"程序。北京福彩网首页很长，只做一个部分机选彩票的截图，如图 1-12-3 所示，与图 1-12-1 相比，实现技术稍微复杂一些，要求设计与"北京福彩网"网站提供的功能相当的程序，页面布局效果如图 1-12-4～图 1-12-6 所示。

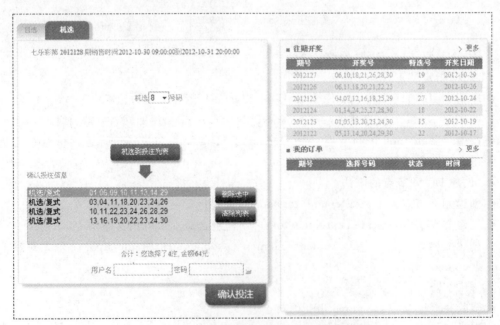

图 1-12-3　北京福彩网页面部分机选彩票的截图

功能要求如下：

（1）界面上设置 5 个按钮、1 个列表框。

（2）采用图层，并设置图层的背景与背景图片，效果如图 1-12-4 所示。

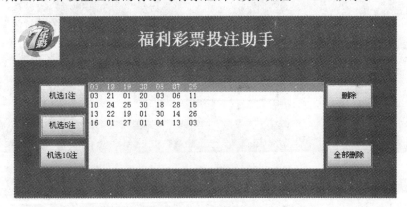

图 1-12-4　福利彩票"机选 5 注"页面

（3）采用表单和表格进行页面布局。

（4）"机选 1 注"按钮功能是单击 1 次，就将 1 注的号码形成字符串添加到右边的列表框中，并将每次产生的第一行号码作为预选项，高亮度显示。

（5）"机选 5 注"按钮功能是单击 1 次，就将 5 注的号码形成字符串添加到右边的列表框中，并将每次产生的第一行号码作为预选项，高亮度显示。

（6）"机选 10 注"按钮功能是单击 1 次，就将 10 注的号码形成字符串添加到右边的列表框中，并将每次产生的第一行号码作为预选项，高亮度显示，如图 1-12-5 所示。

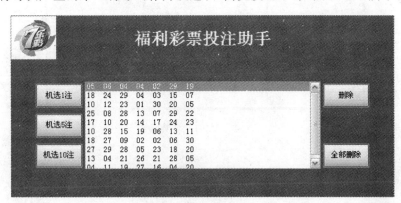

图 1-12-5　"机选 10 注"页面

（7）"删除"按钮功能是单击 1 次，就将左边列表框中选中的列表项删除，如果列表框无列表项可删，则用告警消息框提示出错信息，如图 1-12-6 所示。

（8）"全部删除"按钮功能是单击 1 次，就将左边列表框中所有列表项全部删除，如果列表框无列表项可删，则用告警消息框提示出错信息，如图 1-12-6 所示。

（9）分别编写 3 个函数实现上述 5 个按钮的功能，函数名分别为 selectNumber(n)（产生 n 注号码）、delSelect()（删除选中项）、delSelectAll()（删除所有项目）。

图 1-12-6　删除列表项后再单击"删除"按钮后的页面

项目 2　双向选择列表框

1. 实验要求

（1）综合运用样式表和图层来解决实际问题。

（2）学会运用 JavaScript 脚本编写自定义函数实现相关功能。

（3）学会通过事件处理程序实现向 HTML 页面创建与删除对象的方法。

编程实现双向列表选择程序，页面布局效果如图 1-12-7 所示。

图 1-12-7　双向选择列表框

2. 实验内容

（1）定义内部样式表。

（2）自定义 JavaScript 函数，实现对象的创建与删除。

（3）实现事件句柄和事件处理程序绑定。

（4）创建 DOM 节点、为指定元素添加子节点，并设置元素的属性。

3. 实验中所需标记语法

（1）表单 form 标记。

```
1  < form name = "" method = "post" action = "">
2     < input type = "text" name = "" id = "mtext">
3  </form>
```

（2）样式 style 标记。

```
1   < style type = "text/css">
2       select{
3           width:100px;
4           margin:5px 10px 5px;
5       }
6       table{
7           margin:0 auto;
8           padding:80px 20px;
9       }
10      div{
11          width:500px;
12          height:200px;
13          margin:0 auto;
14          border:2px ♯0000ff double;
15      }
16  </style>
```

在 style 标记中定义了 select、table、div 等标记样式。

（3）脚本 script 标记。

```
1   < script type = "text/javascript">…</script >
```

（4）列表框 select 标记。

```
1   < select id = "name1" size = 5 >
2       < option value = "1" selected>李大可</option >
3       < option value = "2">王进步</option >
4       < option value = "3">徐 莉</option >
5       < option value = "4">张大为</option >
6       < option value = "5">储有为</option >
7       < option value = "6">储秀英</option >
8   </select >
```

（5）标题字 h5 标记。

```
<h5>参加名单</h5>
```

（6）表格 table 标记。

```
1   < table >
2       < tr >
3           < td >  </td >
4           < td >< input type = "button" value = "移出" onclick = "add('name1','name2');"></td >
5           < td >  </td >
6       </tr >
7       < tr >...</tr >
8   </table >
```

4. 定义 JavaScript 函数

```
1   //列表项创建与删除
2   function add(src,target){
3      /* 参数: src 源列表框,target 目标列表框
4      功能:从源列表框中选择列表项,单击"移出",自动添加到目标列表框中,反之亦然 */
5      var src_list = document.getElementById(src);
6      var selopt;
7      selopt = src_list.selectedIndex! = - 1?src_list.options[src_list.selectedIndex]:null;
8      if (selopt! = null)
9      {
10         var newoption = document.createElement("option");     //创建一个列表选项
11         newoption.value = selopt.value;                       //将指定的列表选项赋给新的选项
12         var opt_text = document.createTextNode(selopt.text);  //创建一个文本节点
13         newoption.appendChild(opt_text);                      //为新建选项添加文本节点
14         //获取右边列表框的对象
15         var tar_list = document.getElementById(target);
16         tar_list.appendChild(newoption);                      //将新建节点添加到目的列表框中
17         src_list.removeChild(selopt);                         //删除源列表框中的指定的列表项
18      }
19   }
```

5. 编程要求

主程序为 prj_12_2_object_window_create_delete.html,其他与本实验"项目1"中的程序要求相同。

6. 实验步骤

(1) 建立 prj_12_2_object_window_create_delete.html 文档框架。

(2) 在 HTML 文档 head 标记中插入样式 style 标记。

(3) 在 style 标记中分别定义图层样式、表格、列表框样式。

(4) 在 head 标记中插入 script 标记,并编写函数 function add(src,target),实现列表项从左边列表框删除并添加到右边列表框中功能。

(5) 在 body 标记中插入 4 个图层、1 个表单、1 个表格、2 个列表框、2 个按钮标记,并通过 onclick 属性给两个按钮绑定事件处理程序。

项目 3　Web 服务器配置与信息发布(EasyPHP)

1. 实验要求

(1) 自行完成互联网信息服务 IIS(Internet Information Services)的安装工作,学会配置 IIS Web 服务器,并能将自己的实验成果发布到 Web 服务器上。

(2) 在 Windows 操作系统上运行 Apache Web 服务器程序,学会在 Windows 平台安装 WAMP(Apache+Mysql+Perl/PHP/Python)开发包,完成各项配置,并将自己的实验成果发布到 Apache Web 服务器上。

2. Web 服务器软件简介与下载

IIS 是由微软公司提供的运行基于 Microsoft Windows 操作系统的互联网基本服务。

最初是 Windows NT 版本的可选包,随后内置在 Windows 2000、Windows XP Professional 和 Windows Server 2003 中一起发行,但在 Windows XP Home 版本上并没有 IIS。

Web 服务器有多种,除了支持 Windows 操作系统的 IIS 服务器外,还有支持 Linux 操作系统的 Apache 服务器。现在企业流行在 Linux 环境下构建企业的应用服务,这就要求学生能够掌握在多种平台上部署 Apache Web Server。

EasyPHP 是一个 Windows 下的 WAMP 开发包,包中集成了 PHP、Apache、MySQL,同时也集成了一些辅助的开发工具,如数据库管理工具,PhpMyAdmin 和 PHP 调试工具 Xdebug,无须配置,就可运行。EasyPHP 是由法国人开发,经过 EasyPHP 整合后的 Apache、MySQL 及 PHP 精简很多,运行速度比独立安装的 Apache、MySQL 及 PHP 相对较快且较稳定。

下载软件安装包(EasyPHP-5.3.9-setup.zip)并完成 EasyPHP 安装工作,然后在 Windows 平台上实现 Apache Web Server 的配置,并能将自己的成果网站发布到此 Web 服务器上,完成自己设计网站的访问工作。

3. 软件安装与配置

(1) 单击 EasyPHP-5.3.9-setup.exe 文件执行安装,弹出 Setup 对话框,如图 1-12-8 所示;单击 Newt 按钮,设置安装路径,继续下去,直到安装结束,弹出 Finish 页面,如图 1-12-9 所示。

图 1-12-8　EasyPHP 安装首页

(2) EasyPHP 安装结束后,自动打开软件的帮助首页,如图 1-12-10 所示。

(3) 系统托盘中会出现 EasyPHP 图标█,双击图标弹出 EasyPHP 运行默认状态对话框,如图 1-12-11 所示。

(4) 通过单击图 1-12-11 中 Apache 按钮左侧的█图标更改显示语言变简体中文。右击█图标后弹出菜单,如图 1-12-12 所示。

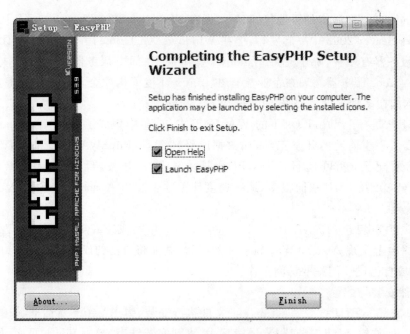

图 1-12-9　EasyPHP 完成页面

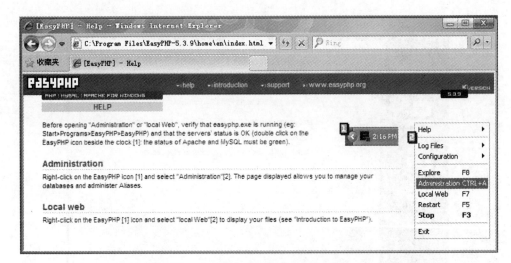

图 1-12-10　EasyPHP 安装结束后 HELP 页面

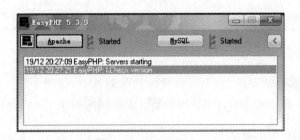

图 1-12-11　EasyPHP 默认英文页面

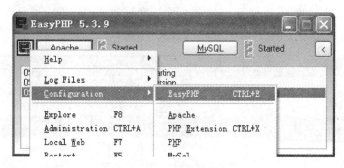

图 1-12-12　右击图标出现弹出式菜单

（5）从菜单中选择 Configuration|EasyPHP 命令，弹出配置选项对话框，如图 1-12-13 所示，在 Language 下拉列表框中选择 Chinese 后，当前对话框上的信息已经转为中文显示，单击 OK 按钮即更改为中文页面，如图 1-12-14 所示。

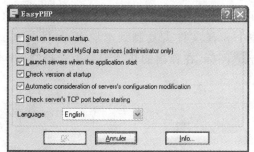

图 1-12-13　EasyPHP 设置语言页面　　　　图 1-12-14　设置成中文语言页面

（6）实际上 EasyPHP 主要是一个本地化的开发测试环境，EasyPHP 并没有集成 Zend optimizer 之类的性能优化工具，而且默认不开放非本地访问，默认的端口为 8887，这样设置可以最大限度在本地运行，而不用考虑 80 端口被占用的情况。用户可以从图 1-12-15 所示的菜单中选择"配置"菜单项进入下级菜单，对 Apache、PHP、MySql 等软件进行相关的配置。

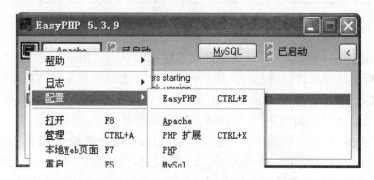

图 1-12-15　设置成中文语言后单击图标出现中文菜单页面

（7）配置完成后，右击■图标，从弹出的菜单中选择"打开本地 Web 目录"命令，默认存放在 C:\Program Files\EasyPHP-5.3.9\www 路径下，以后用户可以将自己的程序文件发布到这里。打开后程序自动打开浏览器，可以看到当前 WWW 目录下文件夹结构，如图 1-12-16 所示，由于 WWW 目录下暂时没有文件，所以是空的。

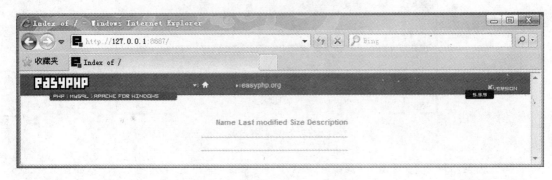

图 1-12-16　打开本地 Web 页面

4. 网站文件发布

（1）将本次实验所编写的网页文件复制到名为 soft 的子文件夹中，然后将 prj_12_1_object_fucai7.html 更名为 index.html，再将整个 soft 文件夹复制到本地 Web 目录"C：\Program Files\EasyPHP-5.3.9\www"下，右击 ■ 图标，在弹出的快捷菜单中选择"打开本地 Web 页面"命令，进入图 1-12-17 所示的页面。

图 1-12-17　打开本地 Web 页面

（2）单击文件夹 soft，自动打开该文件夹下默认的 index.html 文件，可以看到"福利彩票投注助手"程序已经运行，如图 1-12-18 所示；在页面上选择相应按钮可以完成相关操作。以后只有启动 EasyPHP 服务器程序，打开浏览器，并在 URL 中输入 http://127.0.0.1：8080/soft/即可访问自己的网站，至此网站文件发布结束。

在真实的企业级应用案例中，一般选择在 Linux 操作系统上构建 LAMP（Linux＋Apache＋MySQL＋Perl/PHP/Python）平台，把自己的网站发布到 Linux 系统上，所以学会在 Linux 操作系统上配置自己的企业应用非常实用。当然配置环境还需要根据应用需求做适当的优化，以提高应用系统的响应速度。

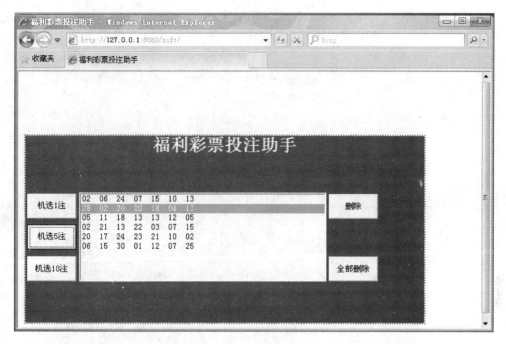

图 1-12-18　打开本地 Web 页面

程序代码清单

项目 1　福利彩票投注助手

1. 采用文本框实现 prj_12_1_object_core.html

```
1   <!-- 福利彩票投注程序 JS 核心对象的使用 prj_12_1_object_core.html -->
2   <html>
3       <head>
4           <title> 福利彩票投注助手 </title>
5           <style type = "text/css">
6               div{
7                   background: #009933 url("ico_7l.gif") left top no-repeat;
8                   width:400px;
9                   height:300px;
10                  margin:100px auto;
11                  border:2px dotted #ff3300;
12                  color:white;
13              }
14              form{
15                  margin:0 auto;
16              }
17              table{
```

```
18                         margin:0 auto;
19                         font - weight:bold;
20                     }
21                 h2{
22                         font - size:28px;
23                         text - align:center;
24                     }
25          </style>
26          < script type = "text/javascript">
27              function selectnumber(num){
28                  //彩票选号助手
29                  var number = new Array();
30                  for (i = 0;i <= 6 ;i++)
31                  {
32                      number[i] = Math.floor(Math.random() * 30 + 1); //下舍入
33                  }
34                  document.getElementById(num).value = number.join(" ");
35              }
36          </script>
37      </head>
38      < body >
39          < div id = "" class = "">
40              < h2 福利彩票投注助手</h2>< br >< br >
41              < form method = "post" action = "">
42                  < table >
43                      < tr >
44                          <td>彩票号码</td>
45                          < td >
46                              < input type = "text" name = "number1" size = "24" id =
"number1" readonly >
47                          </td>
48                          < td >
49                              < input type = "button" value = "投注" onclick = "selectnumber
('number1');">
50                              < input type = "reset" value = "清空">
51                          </td>
52                      </tr>
53                      < tr >
54                          <td>彩票号码</td>
55                          < td >
56                              < input type = "text" name = "number2" size = "24" id =
"number2" readonly >
57                          </td>
58                          < td >
59                              < input type = "button" value = "投注" onclick = "selectnumber
('number2');">
60                              < input type = "reset" value = "清空"
61                          </td>
62                      </tr>
63                      < tr >
```

```
64                         <td>彩票号码</td>
65                         <td>
66                             <input type = "text" name = "number3" size = "24" id =
"number3" readonly>
67                         </td>
68                         <td>
69                             <input type = "button" value = "投注" onclick = "selectnumber
('number3');">
70                             <input type = "reset" value = "清空"
71                         </td>
72                     </tr>
73                 </table>
74             </form>
75         </div>
76     </body>
77 </html>
```

2. 采用列表框实现 prj_12_1_object_fucai7. html

```
1  <!-- 福利彩票投注程序 JS核心对象的使用 prj_12_1_object_fucai7.html -->
2  <html>
3      <head>
4          <title> 福利彩票投注助手 </title>
5          <style type = "text/css">
6              div{
7                  background: #009933 url("ico_71.gif") left top no-repeat;
8                  width:400px;
9                  height:300px;
10                 margin:100px auto;
11                 border:2px dotted #ff3300;
12                 color:white;
13             }
14             form{
15                 margin:0 auto;
16             }
17             table{
18                 margin:0 auto;
19                 font-weight:bold;
20             }
21             h2{
22                 font-size:28px;
23                 text-align:center;
24             }
25         </style>
26         <script type = "text/javascript">
27             function selectnumber(num){
28                 //彩票选号助手
29                 var number = new Array();
30                 for (i = 0;i <= 6 ;i++)
```

```
31                    {
32                        number[i] = Math.floor(Math.random() * 30 + 1);        //下舍入
33                    }
34                    document.getElementById(num).value = number.join(" ");
35                }
36          </script>
37      </head>
38      <body>
39          <div id="" class="">
40              <h2>福利彩票投注助手</h2><br><br>
41              <form method="post" action="">
42                  <table>
43                      <tr>
44                          <td>彩票号码</td>
45                          <td><input type="text" name="number1" size="24" id=
"number1" readonly></td>
46                              <td><input type="button" value="投注" onclick=
"selectnumber('number1');">
47                              <input type="reset" value="清空">
48                              </td>
49                      </tr>
50                      <tr>
51                          <td>彩票号码</td>
52                          <td><input type="text" name="number2" size="24" id=
"number2" readonly></td>
53                              <td><input type="button" value="投注" onclick=
"selectnumber('number2');">
54                          <input type="reset" value="清空"</td>
55                      </tr>
56                      <tr>
57                          <td>彩票号码</td>
58                          <td><input type="text" name="number3" size="24" id=
"number3" readonly></td>
59                              <td><input type="button" value="投注" onclick=
"selectnumber('number3');">
60                          <input type="reset" value="清空"</td>
61                      </tr>
62                  </table>
63              </form>
64          </div>
65      </body>
66 </html>
```

项目 2　双向选择列表框 prj_12_2_object_window_create_delete. html

```
1   <!-- 双向选择列表框 prj_12_2_object_window_create_delete.html -->
2   <html>
3       <head>
```

```
4            <title> 双向选择列表框</title>
5            < style type = "text/css">
6                #div_body{
7                    width:500px;
8                    height:200px;
9                    margin:0 auto;
10                   border:2px #0000ff double;
11               }
12               /* 左边列表框*/
13               #div1{
14                   float:left;
15                   width:150px;
16                   height:200px;
17               }
18               #div2{
19                   float:left;
20                   width:150px;
21                   height:200px;
22                   text-align:center;
23               }
24               /* 右边列表框*/
25               #div3{
26                   float:right;
27                   width:150px;
28                   height:200px;
29               }
30               select{
31                   width:100px;
32                   margin:5px 10px 5px;
33               }
34               table{
35                   margin:80px auto;
36                   padding:80px 20px;
37               }
38               tr{text-align:center;}
39           </style>
40           < script type = "text/javascript">
41               function add(src,target){
42                   //列表项创建与删除
43                   /* 参数: src 源列表框,target 目标列表框
44                   功能: 从源列表框中选择列表项,单击"移出"选项,自动添加到目标列表框中,
反之亦然 */
45                   var src_list = document.getElementById(src);
46                   var selopt;
47                     selopt = src_list.selectedIndex! = -1? src_list.options[src_list.
selectedIndex]:null;
48                   if (selopt! = null)
49                   {
50                       var newoption = document.createElement("option");
                         //创建一个列表选项
```

```
51                      newoption.value = selopt.value;
                        //将指定的列表选项赋给新的选项
52                      var opt_text = document.createTextNode(selopt.text);
                        //创建一个文本节点
53                      newoption.appendChild(opt_text);        //为新建选项添加文本节点
54                      //获取右边列表框的对象
55                      var tar_list = document.getElementById(target);
56                      tar_list.appendChild(newoption);
                        //将新建节点添加到目的列表框中
57                      src_list.removeChild(selopt);        //删除源列表框中的指定的列表项
58                  }
59              }
60          </script>
61      </head>
62      <body>
63          <div id = "div_body" class = "">
64              <form method = "post" action = "">
65                  <div id = "div1" class = "">
66                      <br><h5>  待选名单</h5>
67                      <select id = "name1" size = 5>
68                          <option value = "1" selected>李大可</option>
69                          <option value = "2">王进步</option>
70                          <option value = "3">徐 莉</option>
71                          <option value = "4">张大为</option>
72                          <option value = "5">储有为</option>
73                          <option value = "6">储秀英</option>
74                      </select>
75                  </div>
76                  <div id = "div2" class = "">
77                      <table>
78                          <tr>
79                          <td> </td>
80                          <td>
81                              input type = "button" value = "移出" onclick = "add('name1',
'name2');">
82                          </td>
83                          <td> </td>
84                          </tr>
85                          <tr>
86                          <td> </td>
87                          <td>
88                              <input type = "button" value = "移入" onclick = "add('name2',
'name1');">
89                          </td>
90                          <td>  </td>
91                          </tr>
92                      </table>
93                  </div>
94                  <div id = "div3" class = "">
```

```
95                    < br >< h5 >   参加名单</h5 >
96                    < select id = "name2" size = 5 >
97                    </select >
98              </div >
99         </form >
100      </div >
101    </body >
102 </html >
```

注：本次实验所有项目的代码量为 245 行。

全书程序清单总代码量为 2931 行。

第四部分

Web 前端开发工具

实验十三 　 EditPlus

【实验目标】

1. 学会安装 EditPluss 软件,并熟悉软件功能。
2. 学会使用 EditPlus 软件自定义语言模板。
3. 学会使用 EditPlus 软件编写 Web 网页程序。

【实验内容】

1. 安装 EditPluss 软件,熟悉软件编程界面。
2. 使用 EditPlus 软件编写 HTML、CSS、JavaScript 程序。
3. 使用 EditPlus 软件自定义 HTML 模板。

【实验项目】

1. EditPluss 操作实验。
2. 用 EditPlus 软件编写 HTML、CSS、JavaScript 程序。
3. 编写自定义 HTML 模板。

项目 1　EditPlus 操作实验

1. EditPlus 概述

EditPlus 是一款由韩国 Sangil Kim(ES-Computing)设计的运行于 Windows 下的文本编辑器、HTML 编辑器、PHP 编辑器以及 Java 编辑器。它不但是记事本的一个很好的替代产品,同时也为网页制作者和程序设计员提供了许多强大的功能。对 HTML、PHP、Java、C/C++、CSS、ASP、Perl、JavaScript 和 VBScript 的语法突出显示。同时,根据自定义语法文件能够扩展支持其他程序语言。

无缝网络浏览器预览 HTML 页面,以及 FTP 命令上载本地文件到 FTP 服务器。其他功能包括 HTML 工具栏、用户工具栏、行号、标尺、URL 突出显示、自动完成、素材文本、列选择、强大的搜索和替换、多重撤销/重做、拼写检查、自定义快捷键以及更多其他功能。也可以通过设置用户工具将其作为 C、Java、PHP 等语言的一个简单的集成开发环境。

2. EditPlus 软件界面

EditPlus 编辑器软件界面如图 1-13-1 所示。

EditPlus 软件界面由上、中、下 3 部分组成。其上部由标准 3 栏构成,分别为标题栏、菜单栏、工具栏,当选择工具栏中"新建"图标时,会在上部增加一个"HTML 工具栏";中间分左、右两个部分:左边是"目录"、"素材文本"两个窗口,右边是代码编辑区域;下部是"文档选择器"。

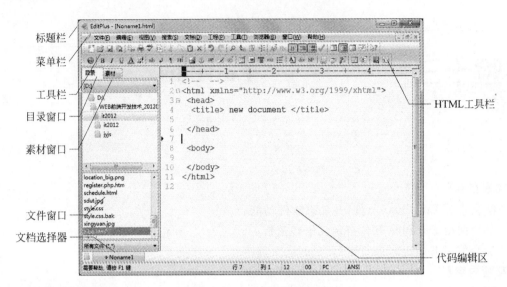

图 1-13-1　EditPlus 软件界面

3. HTML 工具栏

　　HTML 工具栏能够快速容易地插入通用的 HTML 标记。例如 HTML 颜色选择器、字符选择器、表格生成器和对象选择器。

　　HTML 工具栏显示在文档窗口的顶端。当打开一个 HTML 文件时会自动显示 HTML 工具栏，当关闭文档时工具栏则会自动消失。HTML 工具栏是固定的且不能在窗口的其他边上移动。然而当没有足够的空间来显示所有按钮时它可以换行显示。要隐藏或显示 HTML 工具栏，可通过"视图"|"工具栏/视图"|"HTML 工具栏"命令来切换状态。工具栏标记按钮与操作对应关系如表 1-13-1 所示。

表 1-13-1　HTML 工具栏标记按钮与操作对应关系

按钮顺序（由左至右）	操　　作
1	在网络浏览器中载入当前文档
2	设置选定的文本为粗体（切换）
3	设置选定的文本为斜体（切换）
4	设置选定的文本为下划线（切换）
5	设置选定文本的字体
6	插入颜色代码。此命令弹出 HTML 颜色选择器
7	插入无断行空格
8	插入换行标签
9	插入段落标签
10	设置选定的文本标题
11	插入图像
12	插入锚
13	插入水平线

按钮顺序（由左至右）	操　　作
14	插入注释
15	插入特殊字符。此命令弹出字符选择器
16	插入表格。此命令弹出表格生成器
17	居中选定的文本（切换）
18	设置选定的文本为块引用（切换）
19	设置选定的文本为预格式化文本（切换）
20	插入列表
21	插入样式
22	插入 DIV 标签
23	插入 SPAN 标签
24	插入脚本
25	插入 Java 小程序
26	插入对象。此命令弹出对象选择器
27	插入表单
28	插入表单控件
29	插入图像映射
30	插入框架

项目 2　使用 EditPlus 软件编写 HTML、CSS、JavaScript 程序

1. 编写 HTML 程序的方法

选择"文件"|"新建"|"HTML 网页"命令或选择"HTML 工具栏"中的"新建"|"HTML 网页"命令，进入 EditPlus 软件主界面，如图 1-13-1 所示。

2. 编写 CSS 程序的方法

（1）选择"HTML 工具栏"中的"新建"|"其他"命令，弹出"选择文件类型"对话框，如图 1-13-2 所示，然后选择 CSS 类型，单击"确定"按钮，进入编辑状态，如图 1-13-3 所示。

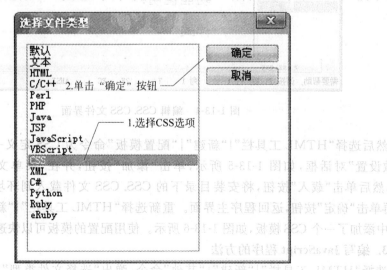

图 1-13-2　选择编辑 CSS 类型文件界面

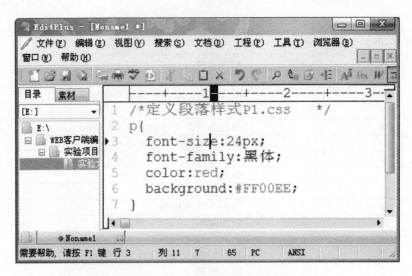

图 1-13-3　编辑 CSS 文件界面

（2）在默认安装状态，EditPlus 并没有给 CSS 配置相应的模板，新建 CSS 文件是一个空白页面，为了提高效率，可以自行定义一个 CSS 模板，并取名 CSS.CSS，然后保存到 EditPlus 软件的安装目录下，具体代码如图 1-13-4 所示。

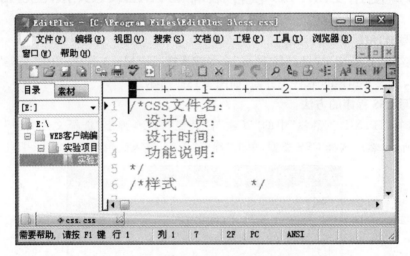

图 1-13-4　编辑 CSS.CSS 文件界面

然后选择"HTML 工具栏"|"新建"|"配置模板"命令为 CSS 定义一个编辑模板，弹出"参数设置"对话框，如图 1-13-5 所示，单击"添加"按钮，并在"菜单文本"文本框中输入 CSS，然后单击"载入"按钮，将安装目录下的 CSS.CSS 文件载入到环境中，单击"应用"按钮，再单击"确定"按钮，返回程序主界面。重新选择"HTML 工具栏"|"新建"命令，会看到在菜单中添加了一个 CSS 模板，如图 1-13-6 所示。使用配置的模板可以快速编写 CSS 代码。

3. 编写 JavaScript 程序的方法

选择"HTML 工具栏"|"新建"|"其他"命令，弹出"选择文件类型"对话框，如图 1-13-7 所示，选择 JavaSript 类型，单击"确定"按钮，进行编辑界面，与编辑 CSS 文件界面类似。

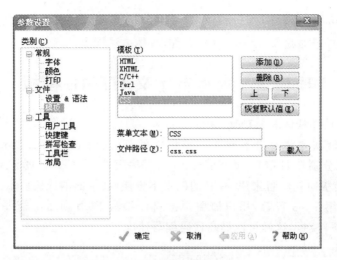

图 1-13-5　添加 CSS 定制模板

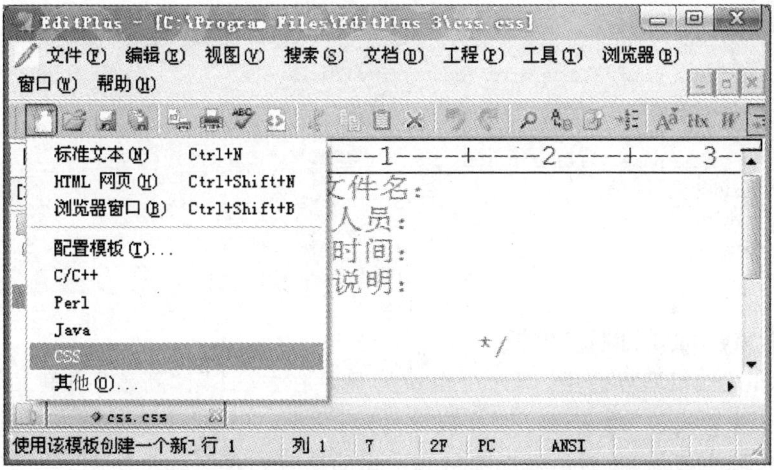

图 1-13-6　新建标签中增加 CSS 模板

图 1-13-7　新建 JavaScript 文件界面

同样,EditPlus 软件初始安装时,也没有给 JavaScript 程序配置模板,可以采用加载 CSS 模板的方法自行加载 JavaSript 模板文件,具体方法同上。

项目3 编写自定义 HTML 模板

1. EditPlus 软件默认的 HTML 模板

EditPlus 在默认安装目录下有 3 个模板文件,分别为 template. html、template. java、templatex. html,分别是 HTML 页面模板、Java 程序模板、XHTML 页面模板。但是默认的 "HTML 网页"模板对初学者来说,有时的确很不方便,如下面的代码所示,会增加很多冗余代码,如第 1 行、第 5～8 行等,用户需要根据自己编写 Web 项目的需要定制自己专用的 "My HTML 网页"模板,这样可以提高代码编写速度。

```
1   <!DOCTYPE HTML PUBLIC " - //W3C//DTD HTML 4.01 Transitional//EN" color = #FF00FF >"http://
www.w3.org/TR/html4/loose.dtd">
2   <html>
3       <head>
4           <title> New Document </title>
5           <meta name = "Generator" content = "EditPlus">
6           <meta name = "Author" content = "">
7           <meta name = "Keywords" content = "">
8           <meta name = "Description" content = "">
9       </head>
10      <body>
11      </body>
12  </html>
```

2. 定制"My HTML 网页"模板

在 EditPlus 编辑器界面中,用户可以设置显示在"文件"|"新建"菜单上的文档模板。选择"新建"|"配置模板"命令,弹出"参数设置"对话框,如图 1-13-5 所示,通过单击"添加"按钮来完成定制模板加载,对话框中项目和按钮的功能如表 1-13-2 所示。

表 1-13-2　参数设置模板页面的项目功能

序　号	项 目 名 称	功　　能
1	模板	此方框列出已登记的文档模板
2	添加	添加新的文档模板
3	删除	删除选定的文档模板
4	重置默认	若将所有设置回复到默认值则按此按钮
5	上移	向上移动选定的文档模板
6	下移	向下移动选定的文档模板
7	菜单文本	指定选定的文档模板在菜单项上所显示的说明
8	文件名	指定模板文件的路径
9	载入	载入当前的模板文件到编辑器中

编辑 mytemplate. html 文件,模板的"菜单文本"取名为"My HTML 网页",添加过程与添加 CSS 模板相同,具体过程不再重复。

3. 列选择操作

网页提供的样例代码有时都会自动加上行号,这样如果用户从网页上将代码粘贴过来,如图 1-13-8 所示,这时代码是不能在 EditPlus 编辑器环境下运行的,要去掉代码前端行号才能执行。如何一次性去掉代码前的行号呢? 可以使用"列选择"来实现选中指定的矩形区域,选取方式就是按住 Alt 键然后用鼠标选中矩形选区,如图 1-13-9 所示。

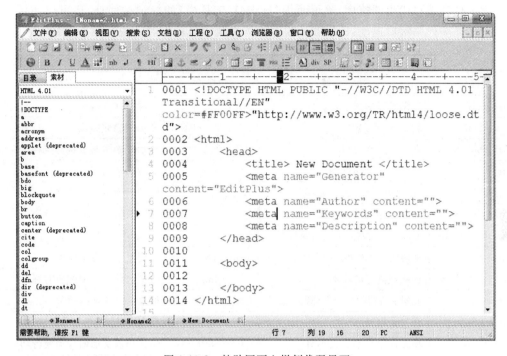

图 1-13-8　粘贴网页上样例代码界面

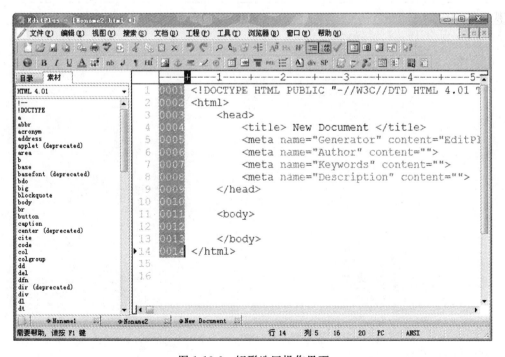

图 1-13-9　矩形选区操作界面

需要注意的是,在"自动换行"的情况下是不能使用列选择操作的。可以使用快捷键 Ctrl＋ Shift＋W 来切换"自动换行"或者"不自动换行"视图。

4. EditPlus 快捷键操作

为了提高编写代码的速度,除了使用"HTML 工具栏"的标记按钮外,还可以使用快捷键方式来提高代码编辑速度,EditPlus 软件所有快捷键与功能对应关系如表 1-13-3 所示。

表 1-13-3　EditPlus 快捷键与功能对应关系

快捷键	功　　能	快捷键	功　　能
Ctrl ＋ B	以浏览器模式预览文件	Alt＋Shift＋O	全屏模式开/关
Ctrl＋Shift＋N	新建 html 文件	Alt＋Shift＋R	显示或隐藏标尺
Ctrl＋Shift＋B	新建浏览器窗口	Alt＋Shift＋I	显示或隐藏制表符与空格
Ctrl＋L	选中的字母切换为小写	Ctrl＋F11	显示函数列表
Ctrl＋U	选中的字母切换为大写	Ctrl ＋ G	转到当前文档的指定行
Ctrl＋Shift＋U	选中的词组首字母大写	F9	设置或清除当前行的标记
Ctrl＋Shift＋C	复制选定文本并追加到剪贴板中	F4	转到下一个标记位置
Ctrl＋Shift＋X	剪切选定文本并追加到剪贴板中	Shift＋F4	转到上一个标记位置
Ctrl＋J	创建当前行的副本	Ctrl＋Shift＋F9	清除当前文档中的所有标记
Ctrl＋－	复制上一行的一个字符到当前行	Ctrl＋]	搜索一对匹配的括号
Ctrl＋Shift＋J	合并选定行	Ctrl＋Shift＋]	搜索一对匹配的括号并选择该文本
Ctrl＋K	反转选定文本的大小写	Ctrl＋Shift＋W	切换当前文档的自动换行功能
Alt＋Shift＋B	开始/结束选择区域	Ctrl＋E	浏览源文件
Ctrl＋R	选择当前行		

<table>
<tr><td>实验十四</td><td># TextPad</td></tr>
</table>

【实验目标】

1. 学会安装 TextPad 软件,并熟悉软件功能。

2. 学会使用 TextPad 软件配置自己的编程环境。

3. 学会使用 TextPad 软件编写 Web 网页程序。

【实验内容】

1. 安装 TextPad 软件,熟悉软件编程界面。

2. 使用 TextPad 软件编写 HTML、CSS、JavaScript 程序。

【实验项目】

1. TextPad 操作实验。

2. 用 TextPad 软件编写 HTML、CSS、JavaScript 程序。

项目 1   TextPad 操作实验

1. TextPad 概述

TextPad 是一个强大的替代 Windows 记事本的文本编辑器,可以作为一个简单的网页编辑器。主要功能包括多文档操作、拖放支持、文档大小无限制、无限撤销操作、完全支持中文双字节、语法加亮、拼写检查、便易的宏功能、强大的查找替换和正则表达式、丰富的编辑操作、简易的排版功能、独到的字块操作、方便的工作区管理等。以 TextPad V4.7.3 汉化版软件为例,程序主界面如图 1-14-1 所示。

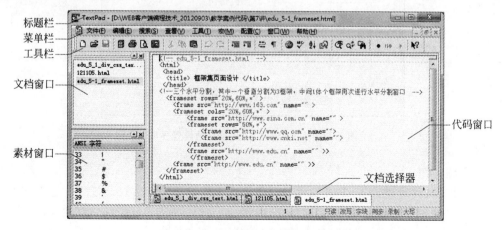

图 1-14-1　TextPad 程序主界面

2. 文档属性设置

如果默认文档属性设置不符合应用需求,可以选择"查看"|"文档属性"命令,弹出"有关……的属性"对话框,如图 1-14-2 所示。可以根据需要自行设置文档、参数选择、制表符、字体、打印、语法、颜色等。如果需要缩排代码,可以选择"文档属性"中的"制表符"选项卡,如图 1-14-3 所示,这样可对代码进行统一格式的缩排,便于文档阅读与存档。

图 1-14-2　文档属性设置界面

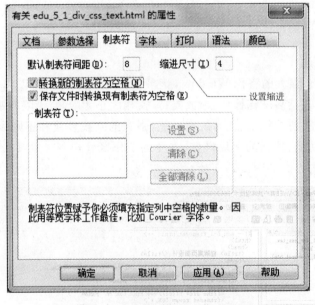

图 1-14-3　文档属性中制表符的设置界面

3. 管理文件

为了便于文件管理,TextPad 编辑器提供管理文件的功能。选择"文件"|"管理文件"命令,或者按功能键 F3,弹出"管理文件"对话框,如图 1-14-4 所示,单击"浏览"按钮,可以对指定目录下的文件进行复制、删除、改名、修饰、浏览、关闭等操作。

图 1-14-4 "管理文件"对话框

4. 参数选择

从菜单栏选择"配置"|"参数选择"命令,弹出"参数选择"对话框,如图 1-14-5 所示。在此对话框中可以对常规、文件、编辑器、查看、文档类别、关联文件、备份、文件名过滤、文件夹、键盘、语言、宏、拼写、工具等项目进行设置。

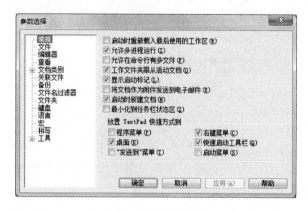

图 1-14-5 "参数选择"对话框

(1) 设置 HTML 语法。

单击 HTML 前的"+"号展开 HTML,选择"语法"项目,如图 1-14-6 所示。"语法定义文件"下拉列表框中有 26 种语法定义文件,如图 1-14-7 所示,从中选择 html.syn。

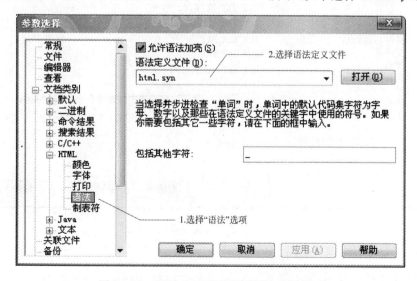

图 1-14-6 HTML 文档属性中语法设置界面

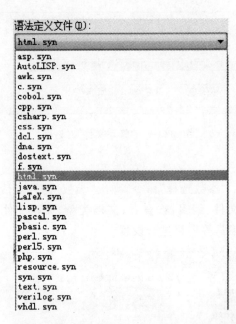

图 1-14-7　语法定义文件下拉列表框界面

（2）设置备份。

　　选择"备份"选项，并选中"自动保存"和"保存更改前备份文件"两个复选框，填写间隔时间，从"备份 FILE. EXT 文件为："框架中选择"FILE. BAK"单选按钮，设置每隔 10 分钟自动备份，如图 1-14-8 所示。

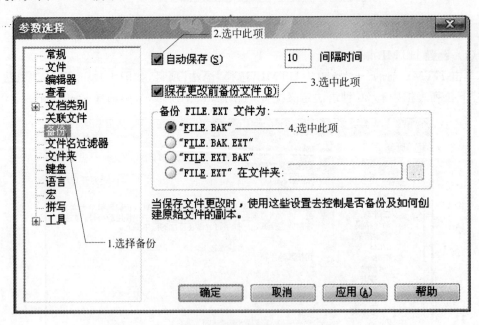

图 1-14-8　备份相关参数设置界面

项目 2　用 TextPad 软件编写 HTML、CSS、 JavaScript 程序

1. 编写 HTML 程序

（1）新建文档。在 TextPad 软件的工具栏中选择"新建"按钮，自动创建一个文档，默认文档名为"文档 1"，如图 1-14-9 所示。

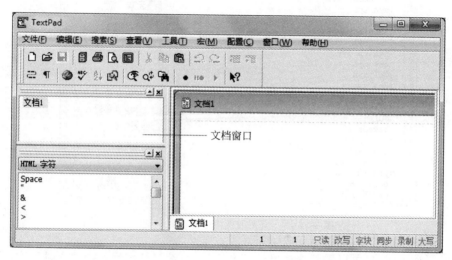

图 1-14-9　新建文档界面

（2）在文档选择器里选择"文档 1"，右击弹出菜单，如图 1-14-10 所示，选择"属性"命令，进入文档 1 的属性对话框，如图 1-14-11 所示，选择"语法"选项卡，从"语法定义文件"的下拉列表中选择 html.syn 文件，单击"打开"按钮，进入 TextPad 编辑界面。

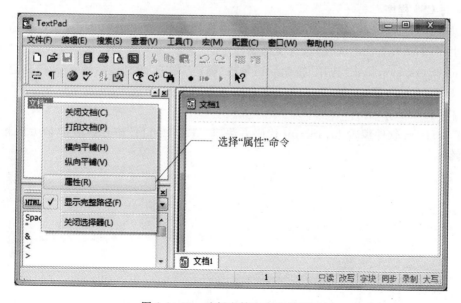

图 1-14-10　选择文档右击菜单界面

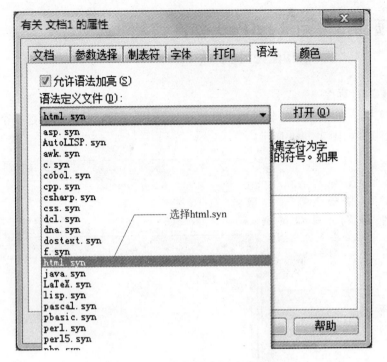

图 1-14-11　文档属性中语法选择界面

（3）编写网页代码，可以看到语法已经高亮度显示，编写结束后，选择"文件"|"保存"命令，文件名为 edu_1_1_html.html，然后在工具栏中选择"在网页浏览器查看"图标，查看网页的设计效果，再进行修改和完善。通过选择"查看"|"文档属性"|"制表符"选项卡，设置"默认制表符间距"（值：8）和"缩进尺寸"（值：4），再利用工具栏中的"增加缩进"和"减少缩进"图标对 HTML 代码进行统一格式化，使代码具有锯齿结构，增加代码的可读性。

2. 编写 CSS 程序

在工具栏中选择"新建"图标，在文档选择器中选择新创建的文档，右击，通过快捷菜单中的"属性"命令设置文档的属性，选择文档属性中的"语法"选项卡，在"语法定义文件"下拉列表框中选择 css.syn，单击"应用"按钮后再单击"确定"按钮，此时编写的 CSS 代码语法就会高亮度显示，具体步骤同"编写 HTML 程序"，可参照执行。

3. 编写 JavaScript 程序

利用 TextPad 软件编辑 JavaScript 代码方法，与编写 HMTL 和 CSS 代码的方法相同，此处不再赘述。

实验十五　　TopStyle

【实验目标】

1. 学会安装 TopStyle 软件，并熟悉软件功能。
2. 学会使用 TopStyle 软件配置自己的编程环境。
3. 学会使用 TopStyle 软件编写 Web 网页程序。

【实验内容】

1. 安装 TopStyle 软件，熟悉软件编程界面。
2. 使用 TopStyle 软件编写 HTML、CSS、JavaScript 程序。

【实验项目】

1. TopStyle 操作实验。
2. 使用 TopStyle 编写 HTML、CSS、JavaScript 程序。

项目 1　TopStyle 操作实验

1. TopStyle 概述

TopStyle 是一款功能强大的 CSS 辅助编辑设计工具，功能丰富。既可以轻松创建各种样式的文件，又可以方便地对已有的样式进行编辑，其内置的 CSS 代码检查功能，可以帮助纠正样式表中的错误。在 HELP 文件中有详细的各种 CSS 指令介绍，非常适合 CSS 的初学者学习使用。

2. TopStyle 应用程序使用界面

TopStyle Pro 3.12 应用程序的使用界面包括标题栏、菜单栏、工具栏、状态栏、最小化按钮、最大化/还原按钮、关闭按钮、文档选择器、编辑区、检视器/文件、输出等，如图 1-15-1 所示。

3. 编辑模板

(1) 选择"文件"|"新建 HTML 页面"|"编辑模板"命令，或使用工具栏中"新建 HTML 页面"右侧的下三角按钮，选择"编辑模板"选项，进入模板对话框，如图 1-15-2 所示。

(2) 默认情况下，没有预设模板，单击"添加"按钮，弹出模板对话框，如图 1-15-3 所示，单击"…"按钮进入软件安装的默认文件夹下。

(3) 选择 templates 文件夹，如图 1-15-4 所示，单击"打开"按钮，弹出"选择样式表模板"

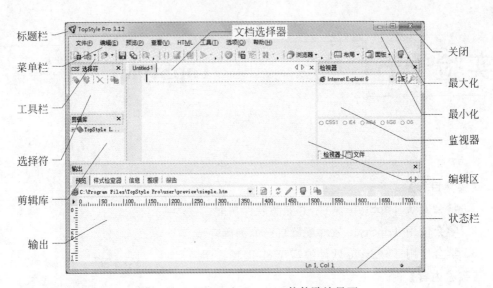

图 1-15-1　TopStyle Pro3.12 软件默认界面

的对话框，列出软件系统默认的 6 个模板文件，如图 1-15-5 所示，选择 HTML 4.01 Transitional Template.html 文件后，单击"打开"按钮，返回添加"模板"对话框，如图 1-15-6 所示，自动完成模板信息回填操作。

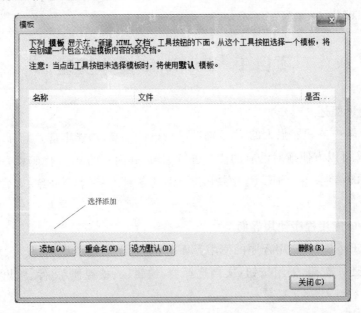

图 1-15-2　"模板"对话框

（4）单击"确定"按钮，返回模板选择对话框，如图 1-15-7 所示，可以看到模板添加成功，然后选择加载的模板，并单击"设为默认"按钮后，在所选择的模板前面会出现一个绿色"√"号，表示此模板为默认模板，单击"关闭"按钮返回程序的主界面。

图 1-15-3　添加模板对话框

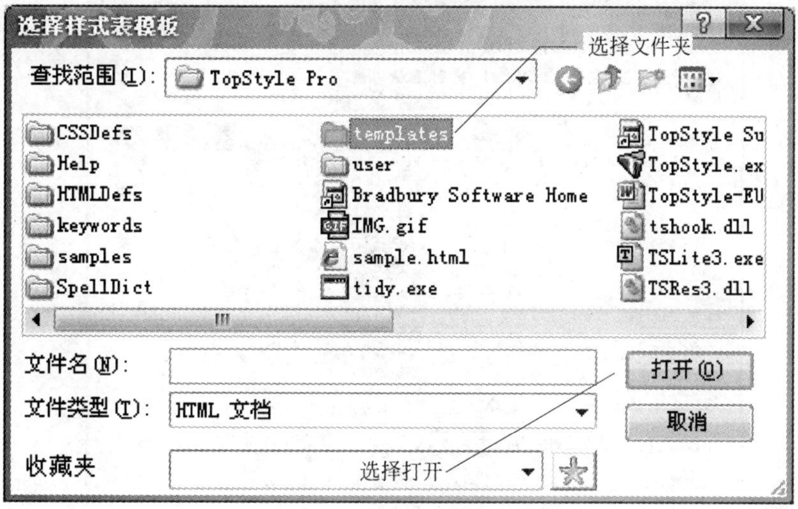

图 1-15-4　软件安装目录

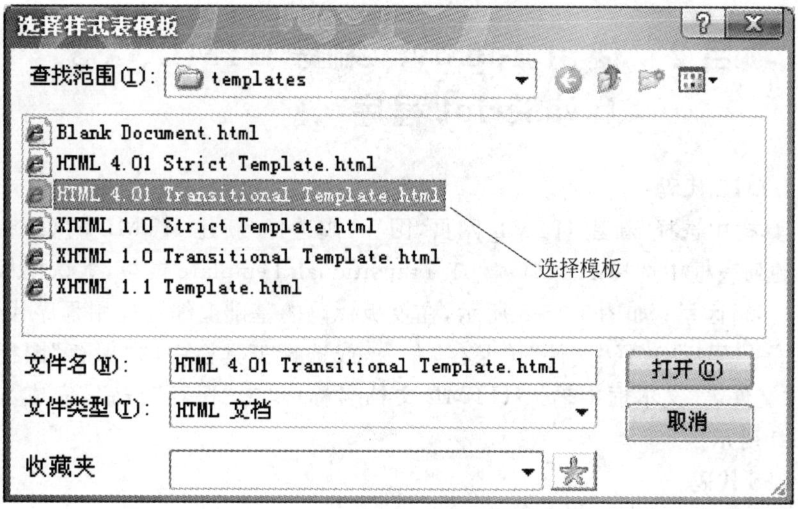

图 1-15-5　"选择样式表模板"对话框

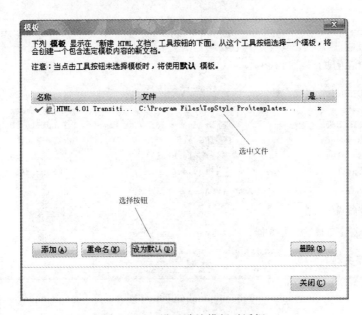

图 1-15-6　模板信息回填对话框

图 1-15-7　设置默认模板对话框

项目 2　使用 TopStyle 编写 HTML、CSS、JavaScript 程序

1. 编写 HTML 代码

（1）在工具栏中选择"新建 HTML 网页"图标，或选择"新建 HTML 网页"右侧下三角按钮，从弹出的列表框中选择 HTML 4.01 Transitional Template 模板，默认模板的代码就会自动添加到编辑区里；如图 1-15-8 所示，在模板代码的基础上编写应用程序代码。

（2）编写完代码后，选择"文件"|"保存"命令，或选择工具栏中的"保存"图标，在"另存为"对话框中"文件名"文本框中输入 HTML 文档名称，单击"保存"按钮，完成文件保存操作，如图 1-15-9 所示。

2. 编写 CSS 代码

（1）使用"新建样式表向导"编写 CSS 文件。

- 选择"文件"|"新建样式表向导"命令，如图 1-15-10 所示，进入"样式表向导"对话框，如图 1-15-11 所示。

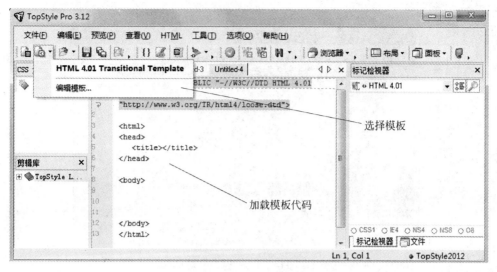

图 1-15-8　利用模板编写代码界面

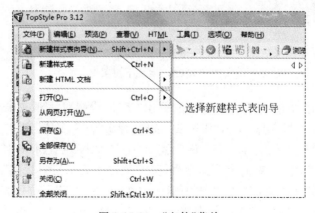

图 1-15-9　"另存为"对话框

图 1-15-10　"文件"菜单

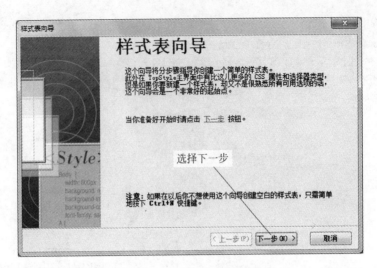

图 1-15-11   "样式表向导"对话框

- 单击"下一步"按钮,进入样式表向导的"颜色"窗口,如图 1-15-12 所示,单击"文本颜色"、"背景颜色"按钮分别设置文本颜色和背景颜色,弹出"颜色选择器"对话框,如图 1-15-13 所示,从调色板中选择颜色块,单击"确定"按钮,返回如图 1-15-12 所示界面,完成颜色设定。

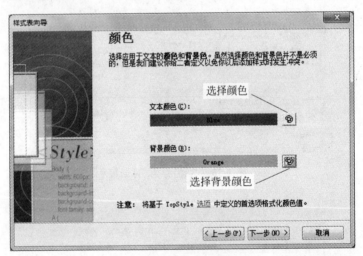

图 1-15-12   颜色下拉菜单

- 在图 1-15-12 中单击"下一步"按钮,弹出"字体"设置对话框,如图 1-15-14 所示,在字体列表框中选择字体,单击"下一步"按钮,弹出"同类字体"窗口,如图 1-15-15 所示。
- 在图 1-15-15 中单击"下一步"按钮,弹出"字体大小"设置窗口,如图 1-15-16 所示,在"字体大小"下拉列表框中选择字号(英文关键字表示),再设置"字体风格",在列出的风格前面的方框中选中相应的风格,并在"文本对齐"下拉列表框中的 4 种对齐方式(left/center/right/justify)中选择一种,完成后单击"下一步"按钮,弹出"预览"窗口,如图 1-15-17 所示。

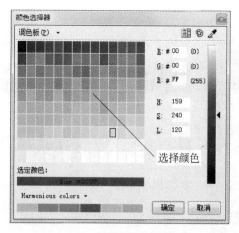

图 1-15-13 "颜色选择器"对话框

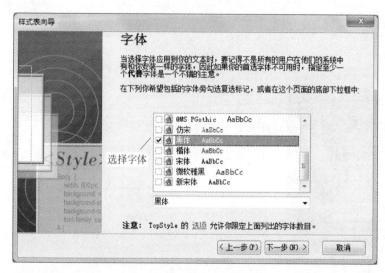

图 1-15-14 字体下拉菜单

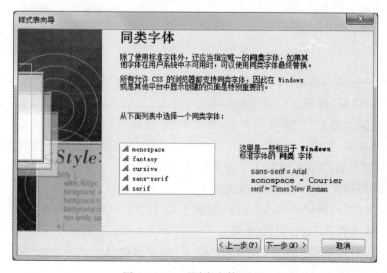

图 1-15-15 "同类字体"窗口

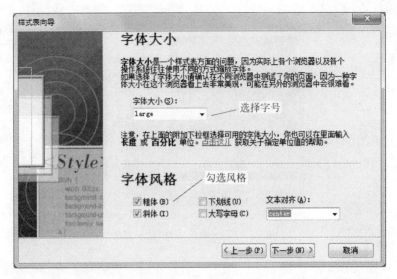

图 1-15-16 "字体大小"窗口

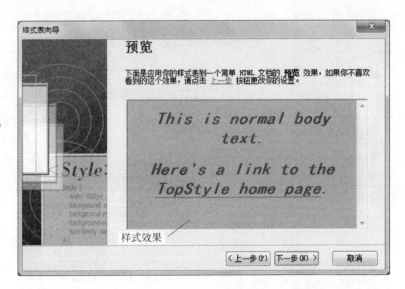

图 1-15-17 "预览"窗口

- 在图 1-15-17 中单击"下一步"按钮，弹出"设置完成"窗口，单击文件名按钮，弹出"另保存"对话框，如图 1-15-19 所示，在"文件名"文本框输入样式表文件名，单击"保存"按钮返回如图 1-15-18 所示界面，然后单击"完成"按钮，完成样式表创建工作，返回程序主界面，如图 1-15-20 所示，样式表向导创建的样式文件显示在编辑区中，包含 2 个标记样式（body、a）和 1 个伪类样式（a：hover）。

（2）使用"新建样式表"编写 CSS 文件。

- 选择"文件"|"新建样式表"命令，如图 1-15-10 所示，进入编辑区，在代码编辑区上方的"文档选择器"上会自动增加一个名为 untitled-1 的样式表文件，默认以 untitled 为前缀，后面尾随一个"—"和一个数字，数字依次从 1、2、3、……顺序编号，构成文件名，如图 1-15-21 所示。

图 1-15-18 "设置完成"窗口

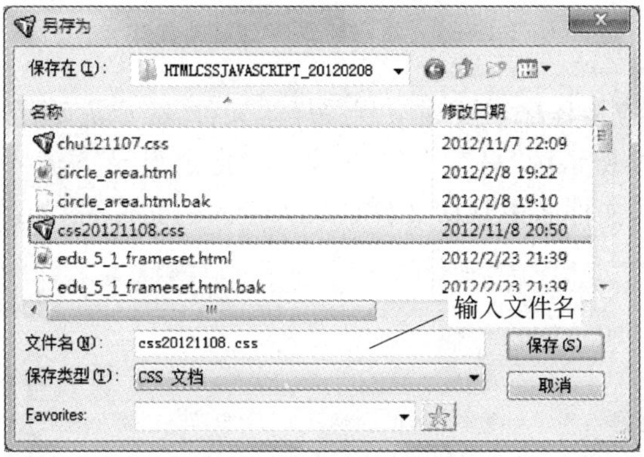

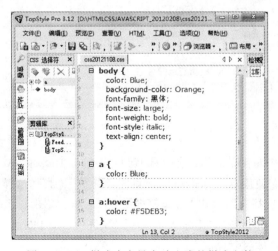

图 1-15-19 "另存为"对话框

图 1-15-20 样式表向导自动生成的样式文件

图 1-15-21　新建样式表自定义样式文件

- 在编辑区根据应用程序需要编写相关样式文件,完成后选择"文件"|"保存"命令,弹出如图 1-15-19 所示的"另存为"对话框,在指定目录下输入要保存的文件名,单击"保存"按钮后,文件名由默认文件名改为输入的文件名,如图 1-15-22 所示。

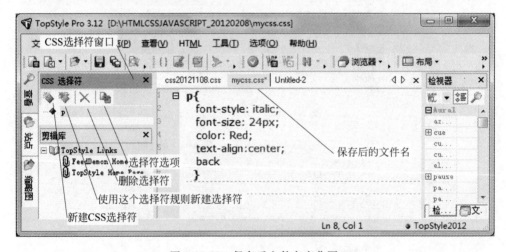

图 1-15-22　保存后文件名变化图

- 在图 1-15-22 中左侧的"CSS 选择符"窗口中有 4 个图标,从左向右分别表示"新建 CSS 选择符"、"使用这个选择符规则新建选择符"、"删除选择符"、"选择符选项",选择"新建 CSS 选择符",弹出"选择符向导"对话框,如图 1-15-23 所示,分别选择"单一选择符"、"类选择符"、"上下文选择符"等选项卡,可以通过此向导逐步进行各种样式的定义,具体过程略。

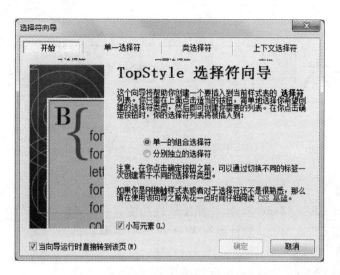

图 1-15-23　"选择符向导"对话框

实验十六　　　CSS3 Menu

【实验目标】

1. 学会安装 CSS3 Menu 软件,并熟悉软件功能。
2. 学会使用 CSS3 Menu 软件编写 Web 网页中菜单。

【实验内容】

1. 安装 CSS3 Menu 软件,熟悉软件编程界面。
2. 使用 CSS3 Menu 软件编写 Web 网页菜单。
3. 将 CSS3 Menu 生成的菜单嵌入到 Web 网页中。

【实验项目】

1. CSS3 Menu 操作实验。
2. 编写嵌入 CSS3 Menu 菜单的 Web 应用程序。

项目 1　　CSS3 Menu 操作实验

1. CSS3 Menu 概述

CSS3 Menu 是一款制作网页导航菜单的工具。集成多种导航栏目样式模板和各类可供选择图标模板,使用它只要选择相应的导航模板和图标模板,在编辑界面输入导航栏目文

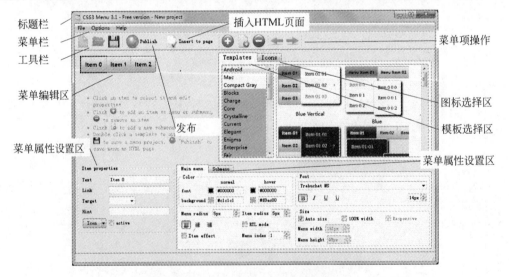

图 1-16-1　CSS3 Menu 3.1 程序主界面

字、调整好颜色,便可快速制作出风格独特的 CSS 网页导航菜单。制作完成后通过自动发布的功能导出标准的 HTML、CSS 文件。

2. CSS3 Menu 应用程序使用界面

CSS3 Menu 3.1 应用程序的使用界面包括标题栏、菜单栏、工具栏、最小化按钮、最大化/还原按钮、关闭按钮、菜单编辑区、模板/图标选择区、项目属性设置区、菜单属性设置区等,如图 1-16-1 所示。

项目 2　编写嵌入 CSS3 Menu 菜单的 Web 应用程序

1. 利用 CSS3 Menu 编辑主菜单项

(1) 选择工具栏中的 Delete Item 将菜单编辑区的默认菜单项清空。

(2) 从"模板/图标选择区"选择模板,免费版只提供 3 种类型,分别是 Android、Mac、Compact Gray。选择 Mac|Dark Green 模板,选择工具栏中的 ⊕ 图标(粗＋号表示添加主菜单项目),在菜单编辑区增加一个主菜单项,然后继续同样的操作 6 次,完成 6 个主菜单项的添加任务。

(3) 选择菜单项 Item 0,从右侧的"模板/图标选择区"中为菜单项选择图标,选择 round-vista 选项,右边显示可供选择的图标,双击"购物车"图标后,弹出如图 1-16-2 所示对话框,双击大小为 48 的图标(主菜单项选择大图标,子菜单选择小图标),主菜单 Item 0 的图标添加完成,如图 1-16-3 所示。

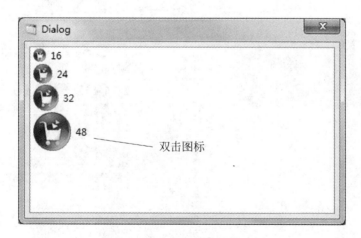

图 1-16-2　为主菜单项选择图标

(4) 设置菜单项的属性,菜单项有 Text、Link、Target、Hint、Icn、active 等,依次设置每个属性,如图 1-16-4 所示。

(5) 按同样的方法,依次完成其余的 5 个主菜单项属性设置,设计主菜单效果如图 1-16-5 所示。

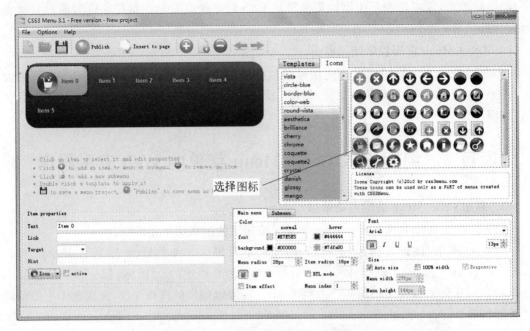

图 1-16-3 添加图标后的主菜单项样式

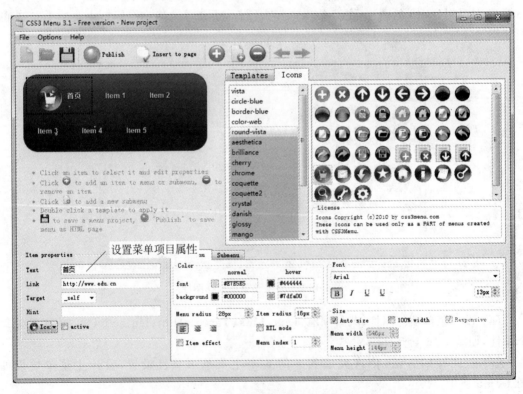

图 1-16-4 设置主菜单项的属性

图 1-16-5　主菜单项设置效果

2. 利用 CSS3 Menu 编辑子菜单项

（1）为"学院概况"主菜单添加 3 个子菜单项。选择主菜单项"学院概况"，从工具栏中选择 Add subitem <img>（细＋号表示添加子菜单项）图标，连续操作 3 次，完成 3 个子菜单项的添加操作。然后分别设置 3 个子菜单项的属性，如图 1-16-6 所示。

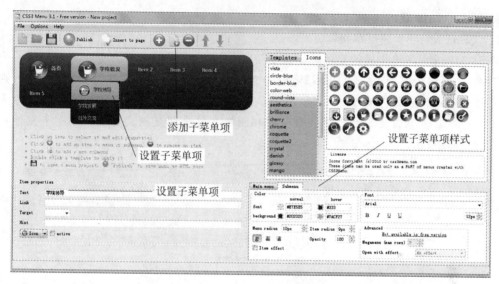

图 1-16-6　设置子菜单的界面

（2）发布编辑完成的 CSS3 Menu。完成所有的主菜单项和子菜单项的设置任务后，可以选择工具栏中的 Publish 图标发布，弹出导出 HTML 代码对话框，如图 1-16-7 所示，输入文件名 chu27.html，单击"保存"按钮，在浏览器中打开 chu27.html 网页文件，效果如图 1-16-8所示。

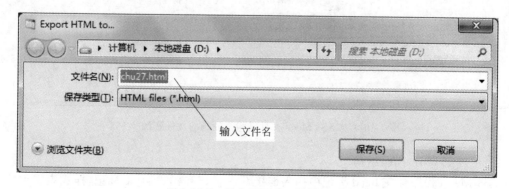

图 1-16-7　导出 HTML 对话框界面

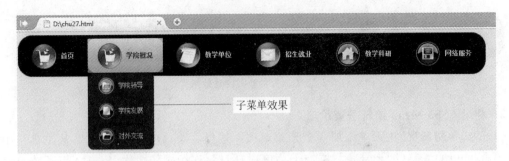

图 1-16-8　CSS3 Menu 菜单在浏览器中的效果

3. 导出 HTML 代码

(1) CSS3 Menu 生成菜单机制。

CSS3 Menu 程序将生成的菜单导出为 HTML 代码，并同时在当前文件夹下创建一个以 HTML 文件名为前缀，尾随"_files"构成的文件夹名，如 HTML 文件为 chu27.html，则存放 CSS3Menu1 的文件夹名 chu27_files，在这个文件夹里只有一个子文件夹名为 css3menu1，然后将生成菜单所需样式表文件和图标文件全部复制到 css3menu1 子文件夹中，如图 1-16-9 所示。

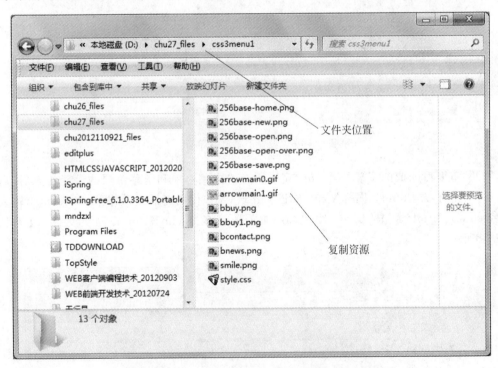

图 1-16-9　CSS3 Menu 文件结构及复制的文件资源

(2) 生成 HTML 代码结构。

CSS3 Menu 程序会在 head 标记中插入链接 link 标记和样式 style 标记，样式表文件路径为"chu27_files/css3menu1/style.css"，定义一个类选择符名为"._css3m"，声明部分为｛display：none｝，其作用就是在 body 标记中插入一个隐藏链接，标注软件版权。在 body 标记中插入无序列表制作的菜单导航条,在列表项中插入超链接。如果在 HTML 页面中使用浮动框架,可以在相应菜单项的超链接处加上 target 属性,指向 iframe 的 name 属性设置的值。这样可以在浮动框架中打开指定的网页,实现代码片段如下:

```
< a href = "http://www. edu. cn" style = "height:48px;line - height:48px;" target = "iframe"><
img src = "chu27_files/css3menu1/bbuy.png" />首页</a>
< iframe name = "iframe" src = "" width = "100 %" height = "500px">
```

(3) 生成的完整 HTML 代码。

```
1   <! -- CSS3 Menu 导出的 HTML 文件 chu27. html -->
2   < html dir = "ltr">
3       < head >
4           < meta http - equiv = "content - type" content = "text/html; charset = utf - 8" />
5           <! -- Start css3menu.com HEAD section -->
6           < link rel = "stylesheet" href = "chu27_files/css3menu1/style. css" type = "text/
css" />< style >._css3m{display:none}</style >
7           <! -- End css3menu.com HEAD section -->
8       </head >
9   < body style = "background - color: #EBEBEB">
10          <! -- Start css3menu.com BODY section -->
11          < ul id = "css3menu1" class = "topmenu">
12              < li class = "topmenu">< a href = "http://www. edu. cn" style = "height:48px;line
- height:48px;">< img src = "chu27_files/css3menu1/bbuy.png" alt = ""/>首页</a></li>
13              < li class = "topmenu">< a href = "http://www. njust. edu. cn" style = "height:
48px;line - height:48px;">< span >< img src = "chu27_files/css3menu1/bbuy1.png" alt = ""/>学院
概况</span ></a>
14                  < ul >
15                      < li class = "subfirst">< a href = " # ">< img src = "chu27_files/
css3menu1/256base - open - over. png" alt = ""/>学院领导</a></li>
16                      < li >< a href = " # ">< img src = "chu27_files/css3menu1/256base - new.
png" alt = ""/>学院发展</a></li>
17                      < li class = "sublast">< a href = " # ">< img src = "chu27_files/
css3menu1/256base - open. png" alt = ""/>对外交流</a></li>
18                  </ul >
19              </li >
20              < li class = "topmenu">< a href = " # " style = "height:48px;line - height:48px;">
< img src = "chu27_files/css3menu1/bnews.png" alt = ""/>教学单位</a></li>
21              < li class = "topmenu">< a href = " # " style = "height:48px;line - height:48px;">
< img src = "chu27_files/css3menu1/bcontact.png" alt = ""/>招生就业</a></li>
22              < li class = "topmenu">< a href = " # " style = "height:48px;line - height:48px;">
< img src = "chu27_files/css3menu1/256base - home.png" alt = ""/>教学科研</a></li>
23              < li class = "topmenu">< a href = " # " style = "height:48px;line - height:48px;">
< img src = "chu27_files/css3menu1/256base - save.png" alt = ""/>网络服务</a></li>
24          </ul >
25          < p class = "_css3m">< a href = "http://css3menu. com/"> CSS3 Button Rollover
Css3Menu.com </a></p>
26          <! -- End css3menu.com BODY section -->
27      </body >
28  </html >
```

实验十七　　　Sothink Tree Menu

【实验目标】

1. 学会安装 Sothink Tree Menu 软件，并熟悉软件功能。
2. 学会使用 Sothink Tree Menu 软件编写 Web 网页菜单程序。

【实验内容】

1. 安装 Sothink Tree Menu 软件，熟悉软件编程界面。
2. 使用 Sothink Tree Menu 软件编写 Web 页面菜单程序。

【实验项目】

1. Sothink Tree Menu 操作实验。
2. 使用 Sothink Tree Menu 编写 Web 网页菜单。

项目 1　 Sothink Tree Menu 操作实验

1. Sothink Tree Menu 概述

Sothink Tree Menu 是一个功能强大且易用的 JavaScript 树状菜单制作工具。它是 Sothink DHTML 菜单工具的成员之一，拥有易于使用的用户界面，这是 Sothink Tree Menu 一大特色，它可以在短时间内帮助程序员创建适合众多浏览器的搜索引擎优化代码而无须写入代码。无须编写 JavaScript 代码就可以制作效果优秀的树状菜单。

下载地址：http://www.sothink.com/product/treemenu/。

（1）下载软件。在浏览器的 URL 中输入上述网址并访问 sothink 公司网站，如图 1-17-1 所示。选择 Free Download，将文件 stmenu.zip 下载到指定的目录下，也可以下载汉化版 treemenu.exe(V2.8.90218)。

图 1-17-1　 Sothink Tree Menu 下载页面

（2）软件安装。以汉化版为例，双击 treemenu. exe 执行安装操作，完成后桌面上自动添加 Sothink Tree Menu 图标。

2. Sothink Tree Menu 软件使用

（1）双击桌面上的 Sothink Tree Menu 图标进入程序主界面，如图 1-17-2 所示。首先要从"开始"对话框中选择模板，Sothink Tree Menu 提供简单、商务、操作系统、XP 面板 4 种模板。

图 1-17-2　Sothink Tree Menu 程序主界面

（2）如果要选择更多模板，可以选择"从模板新建"单选按钮右侧的"更多"按钮，在右边的预览框中就会列出若干新的模板，如图 1-17-3 所示。但这些模板需要付费购买才能使

图 1-17-3　选择"更多"模板界面

用，一般要求只要从默认模板中选择就能使用。从"商务"模板中选择 Forest 选项，如图 1-17-4 所示，单击"确定"按钮，进入程序主界面，如图 1-17-5 所示。从模板创建树状菜单就完成了，可以在浏览器中观看一下，效果如图 1-17-6 所示。

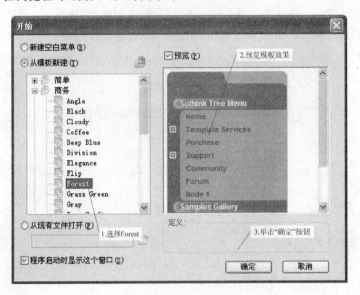

图 1-17-4　从"商务"模板中选择"Forest"选项

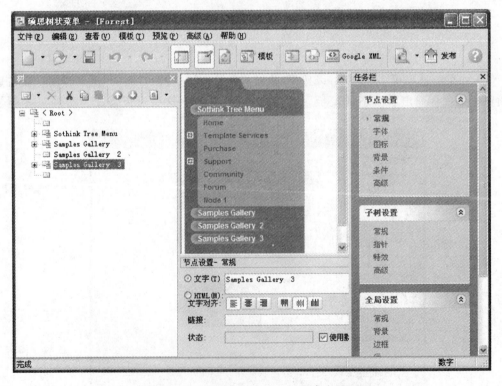

图 1-17-5　Sothink Tree Menu 程序主界面

图 1-17-6　模板创建的树状菜单效果

项目 2　使用 Sothink Tree Menu 编写 Web 网页菜单

1. 定制树状菜单

默认树状菜单加载完成后,在程序主界面左侧是树面板,可在其中进行树节点管理,即可以进行编辑子节点文字、增加子节点、删除子节点、上下移动子节点等操作;右侧是任务面板,面板上 3 个设置项分别是子节点设置、子树设置、全局设置。选择某项设置后,可在"菜单设置"选项区域(位于程序主界面的中下部)中对相关参数进行设置。

(1)编辑子节点文字,选择子节点右击,从弹出的快捷菜单中选择"编辑节点文字"命令,可以在子节点上直接编辑,也可以在"菜单设置"的"节点设置-常规"选项组中进行编辑;参照图 1-17-7 将所有的子节点编辑完成。

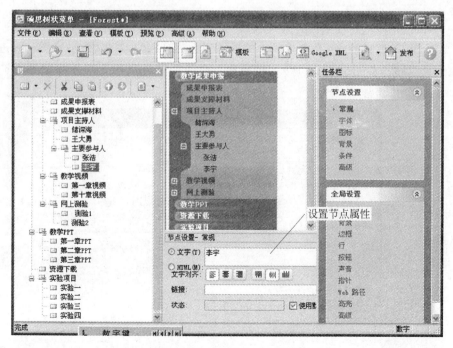

图 1-17-7　定制树状菜单界面

图 1-17-8　树状菜单预览效果

（2）子节点位置移动，可以通过树面板顶部工具栏中的"上移"、"下移"按钮来实现节点位置的调整，也可以通过右击该子节点，从弹出的快捷菜单中选择"上移"或"下移"命令实现。

（3）树状菜单预览，从程序主界面的工具栏中选择"预览"图标，浏览器会阻止内容加载，选择允许阻止的内容，可以查看树状菜单的效果，如图 1-17-8 所示。

2. 发布树状菜单

（1）选择工具栏中的"发布"图标完成发布工作，如图 1-17-9 所示。单击"下一步"按钮，弹出"请选择"发布方式窗口，如图 1-17-10 所示，选择"创建 Java 脚本文件（*.js）"单选按钮。

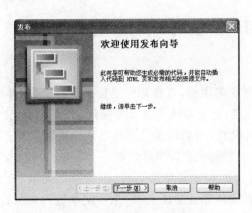

图 1-17-9　"发布"对话框

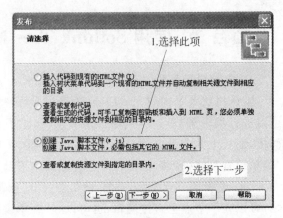

图 1-17-10　选择发布方式界面

（2）单击"下一步"按钮，弹出"选择文件"窗口，如图 1-17-11 所示，单击"浏览"按钮，选择指定文件 chu20121109.js（自动生成），编码类型为"UTF-8"，单击"下一步"按钮，进入"查看/复制代码"窗口，如图 1-17-12 所示，按照提示分别将两行代码复制并粘贴到 HTML 文档的 head 标记和 body 标记中。

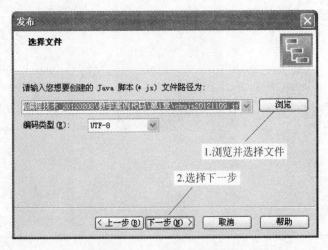

图 1-17-11　"选择文件"窗口

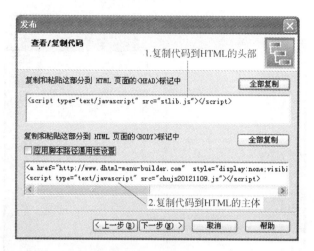

图 1-17-12　"查看/复制代码"窗口

（3）单击"下一步"按钮，弹出"查看资源文件"窗口，如图 1-17-13 所示，再单击"下一步"按钮，弹出"复制相关的资源文件"窗口，指定将源文件复制到 HTML 文件所在文件夹名称。

（4）单击"下一步"按钮，将相关资源复制到 HTML 所在的文件夹中，如图 1-17-14 所示，弹出"完成"窗口，如图 1-17-15 所示。至此整个发布工作结束。

图 1-17-13　"查看资源文件"窗口

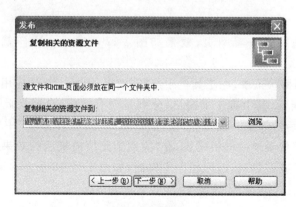

图 1-17-14　"复制相关的资源文件"窗口

实验十七

Sothink Tree Menu

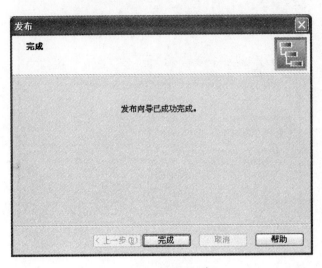

图 1-17-15 "完成"窗口

3. 将 JavaScript 脚本和超链接嵌入到 HTML 代码中

（1）用 EditPlus 编辑 HTML 程序，并将 JavaScript 代码和超链接代码嵌入到 head 和 body 标记中。代码结构如下：

```
1   <!-- Sothink Tree Menu 测试程序 -->
2   <html>
3     <head>
4       <title> New Document </title>
5       <!-- Sothink Tree Menu 程序生成的 JS 文件引用 -->
6       <script type = "text/javascript" src = "stlib.js"></script>
7       <script type = "text/javascript" src = "chujs20121109.js"></script>
8     </head>
9     <body>
10        <a href = "http://www.dhtml-menu-builder.com" style = "display:none;
    visibility:hidden;">Javascript DHTML Tree Menu Powered by dhtml-menu-builder.com</a>
11        <!--插入浮动框架,并在浮动框架中显示指定的网页 -->
12        <iframe name = "iframe" width = "800px" height = "600px" src = "http://www.edu.cn">
13     </body>
14  </html>
```

（2）保存并在浏览器查看网页，效果如图 1-17-16 所示，这样就完成了树状菜单与 HTML 代码的融合。

（3）应用模板到树状菜单，在工具栏中选择"模板"图标，弹出"应用模板到树状菜单"对话框，如图 1-17-17 所示，其中有 4 个窗格，分别是现有模板、自定义此模板应用的样式、预览、应用到此块模板后的效果。在"现有模板"区域选择"操作系统"中的 XP_blue 模板，在"预览"区域会显示树状菜单的模板样式，在"应用到此块模板后的效果"区域会出现实际树状菜单的效果，单击"确定"按钮返回程序主界面，如图 1-17-18 所示。若不合适可以再进行调整。

图 1-17-16　浏览器查看网页效果

图 1-17-17　"应用模板到树状菜单"对话框

实
验
十
七

Sothink Tree Menu

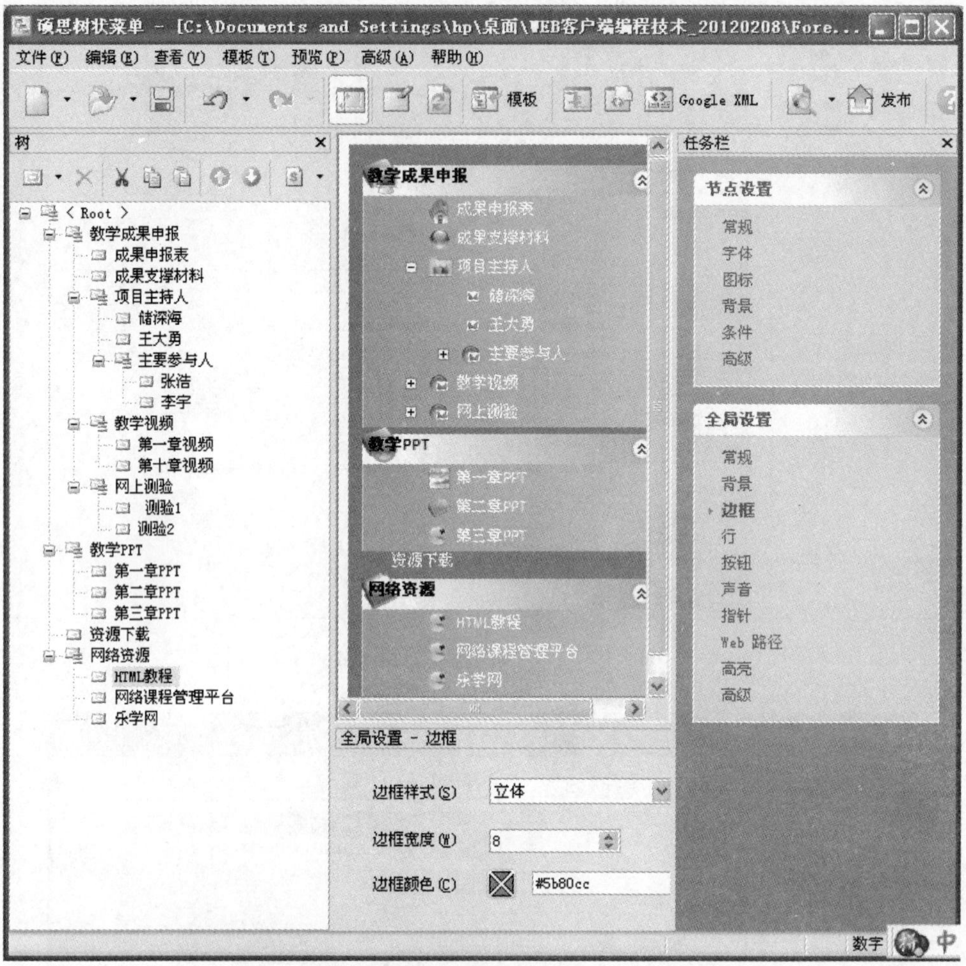

图 1-17-18　重新应用模板后的树状菜单效果

（4）再次进行发布，步骤同上，然后在浏览器查看网页，重新应用模板后的效果如图 1-17-19 所示。

图 1-17-19　通过浏览器查看应用新模板的网页效果

实验十八　ColorImpact

【实验目标】

1. 学会安装 ColorImpact 软件,并熟悉软件功能。

2. 学会使用色彩调和、高级色环、色彩方案、色彩变化、色彩混合器、测试模型来配置颜色。

3. 学会将色彩配置效果保存到图像中。

4. 学会将工作区中色彩配置复制到调色板。

5. 学会导出色彩配置方案,供网页编程使用。

【实验内容】

1. 安装 ColorImpact 软件,熟悉软件编程界面。

2. 学会保存颜色、复制到调色板、导出颜色。

【实验项目】

1. ColorImpact 操作实验。

2. 网页配色。

项目 1　ColorImpact 操作实验

1. ColorImpact 概述

ColorImpact 是一个应用于 Windows 平台的颜色方案设计工具。ColorImpact 在众多设计、多媒体、Web 开发程序中提供出众的色彩整合。主要功能有单击即可建立漂亮的颜色方案、全新颜色混合、高级颜色公式、全新的高级颜色方案分析、自定义调色板、导出颜色方案到其他设计程序。ColorImpact 是一个非常好的色彩选取工具,程序界面非常友好,提供了多种色彩选取方式,支持屏幕直接取色。

以 ColorImpact v3.1.0.222 汉化版为例介绍软件界面,包括标题栏、菜单栏、工具栏、最小按钮、最大按钮/还原按钮、关闭按钮、基本色、工作区、调色板、属性区等组成部分,如图 1-18-1 所示。

2. 使用 ColorImpact 选择颜色

(1) 选择颜色。

启动 ColorImpact 后,在程序主界面的左侧区域是用来选择颜色的,在默认状态下是以一个“环形”(色环)的方式来选择颜色,同样也可以使用“矩形”和“网络安全”取色方式来选择颜色,如图 1-18-2 所示。除此以外,还可以按照 RGB 和 HSB 的颜色模式来选取颜色,并且控制颜色的明暗度和饱和度,在程序主界面的左下方,部分截图如图 1-18-3 所示。

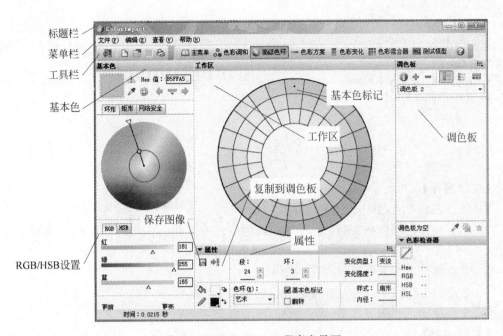

图 1-18-1   ColorImpact 程序主界面

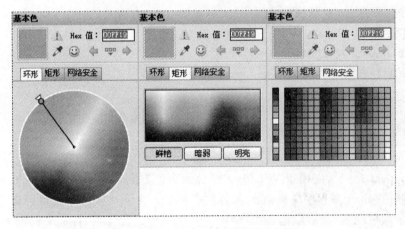

图 1-18-2   3 种不同的选择颜色方式

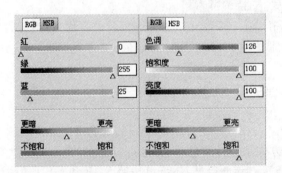

图 1-18-3   RGB 和 HSB 取色方式

注：HSB色彩模式是常见的色彩模式，其中H代表色相；S代表饱和度；B代表亮度。

- 色相H(Hue)：在0°～360°的标准色环上，按照角度值标识。比如红是0°、橙色是30°等。
- 饱和度S(Saturation)：是指颜色的强度或纯度。饱和度表示色相中彩色成分所占的比例，用0%(灰色)～100%(完全饱和)的百分比来度量。在色立面上饱和度是从左向右逐渐增加的，左边线为0%，右边线为100%。
- 亮度B(Brightness)：是颜色的明暗程度，通常用0%(黑)～100%(白)的百分比来度量，在色立面中从上至下逐渐递增，上边线为100%，下边线为0%。

（2）滴管工具取色。

使用ColorImpact选定颜色后会在程序主界面的左上角显示Hex：BE6700，并且能够显示其详细的颜色值等参数。有时需要从屏幕上直接吸取颜色，可以使用ColorImpact软件提供的滴管工具来实现，方法是在"基本色"区域选择"滴管工具"按钮，弹出"滴管工具设置"对话框，如图1-18-4所示。"取样模式"一般选择"3×3平均色"单选按钮；在"状态栏格式"下拉列表中选择"Hex值"选项，选中下面的复选框，隐藏主窗口，使取色范围更大些，再单击"确定"按钮，进入屏幕任意位置取色，如图1-18-5所示，移动滴管至指定区域单击鼠标取色，其Hex值显示在基本色的区域中的"Hex值"的文本框中，可以编辑使用。

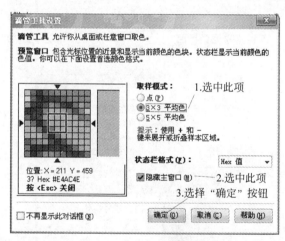

图1-18-4 "滴管工具设置"对话框

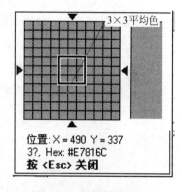

图1-18-5 滴管取色方式

项目2 网页配色

在ColorImpact中选择工具栏中快速选择按钮，可以以不同的方式来浏览色彩。当在程序主界面左侧的"基本色"区域选择颜色后，ColorImpact会自动给出所选择的颜色的搭配方案，并且在程序主界面的中间部分"工作区"中显示出来。

1. 色彩调和

单击"色彩调和"按钮，即可以色环的方式来浏览色彩，如图1-18-6所示。

2. 高级色环

单击"高级色环"按钮，可以显示更为复杂的色环效果，并且可以对色环进行详细设置，如图1-18-7所示。

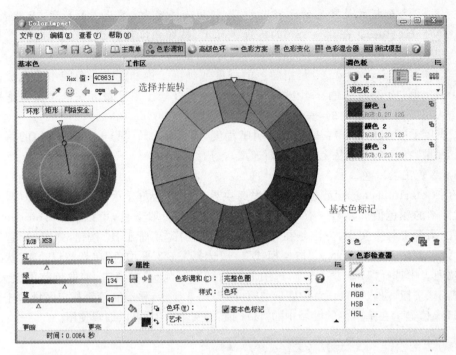

图 1-18-6　色彩调和设置界面

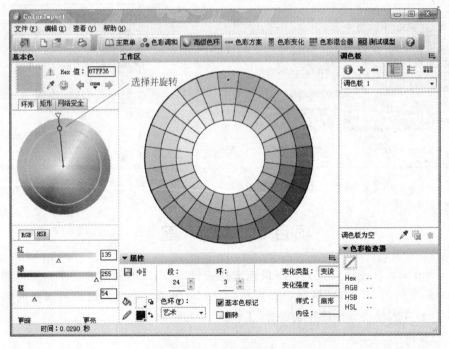

图 1-18-7　高级色环设置界面

3. 色彩方案

单击"色彩方案"按钮,ColorImpact 会自动给出相应的颜色配色方案,需要选择不同的配色方案,可以在"属性"面板中进行设置,如图 1-18-8 所示。

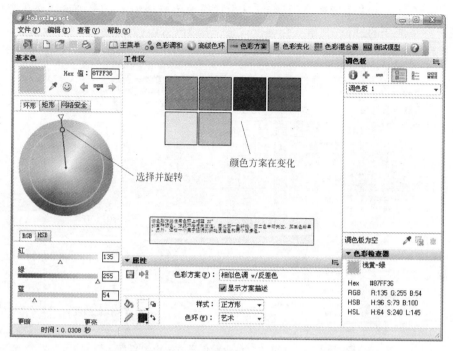

图 1-18-8　色彩方案设置界面

4. 色彩变化

单击"色彩变化"按钮,显示色彩变化初始状态如图 1-18-9 所示,从左侧的"基本色"区域把选定的颜色拖曳到程序主界面的中间"工作区"的虚线矩形上,如图 1-18-10 所示。

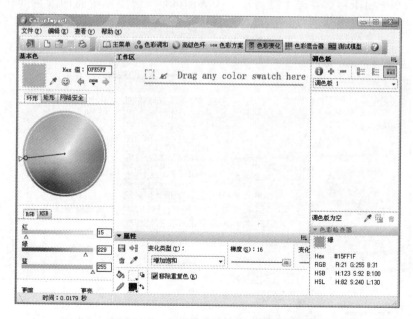

图 1-18-9　色彩方案设置初始状态界面

在"属性"面板的"变化类型"下拉列表框中选择不同的设置效果来改变颜色的变化过程；通过"梯度"滚动条来设置颜色的梯度，其中梯级取值范围为 1～16；通过"变化强度"滚动条来设置颜色渐变的过程，其中变化强度取值范围为 0.00～1.00。

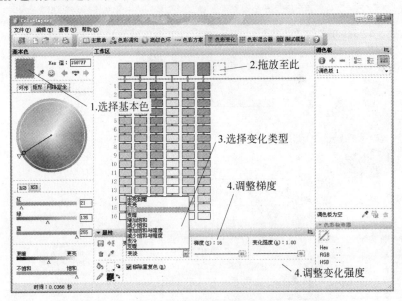

图 1-18-10　拖曳选定色彩后色彩方案设置界面

5. 色彩混合器

单击"色彩混合器"按钮，并在"属性"设置区中设置起始颜色和结束颜色，选择混合路径（直接路径、顺时针路径、逆时针路径），再选择"梯度"（2～256）、"杂色"（0～50）和"样式"（色块、垂直色条、水平色条），设置完上述各项后 ColorImpact 会生成中间的颜色变化过程，并且这个变化过程是可以调整的，如图 1-18-11 所示。

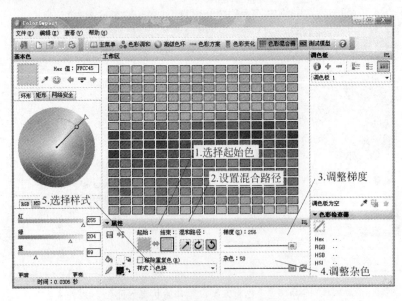

图 1-18-11　色彩混合器设置界面

6．测试模型

选择"测试模型"按钮，并在"基本色"旋转色环上操纵杆，可能改变"显示方案栏"中显示色块，可以从"属性"设置区域的"测试模型"、"色彩方案"的下拉列表框中选择相应选择项来设置测试效果，如图 1-18-12 所示，并使用"属性"区域左上角的"保存图像"、"复制到调色板"按钮完成保存和复制工作。

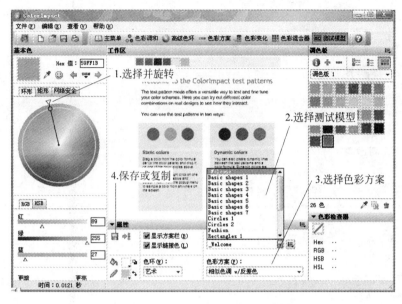

图 1-18-12　测试模型设置界面

7．设置颜色保存、复制到调色板并导出

在"色彩调和"、"高级色环"、"色彩方案"、"色彩变化"、"色彩混合器"、"测试模型"6 项设置界面中，"属性"设置区域左上角均有"保存图像"（左边）、"复制到色板"（右边）2 个图标按钮，用于保存或复制设置好的颜色方案，如图 1-18-13 所示。

图 1-18-13　色彩调和设置中属性设置界面

（1）保存。

单击"保存图像"按钮，弹出"另存为"对话框，如图 1-18-14 所示，输入文件名 chu20121112.swf 后，单击"保存"按钮，文件保存完成，然后使用浏览器查看颜色设置效果。

（2）复制到调色板。

单击"复制到调色板"按钮，可以将工作区设置颜色方案复制到指定的调色板中，如图 1-18-15 所示。"调色板"顶部有一个快捷图标组，其中的图标与功能关系如表 1-18-1 所示。

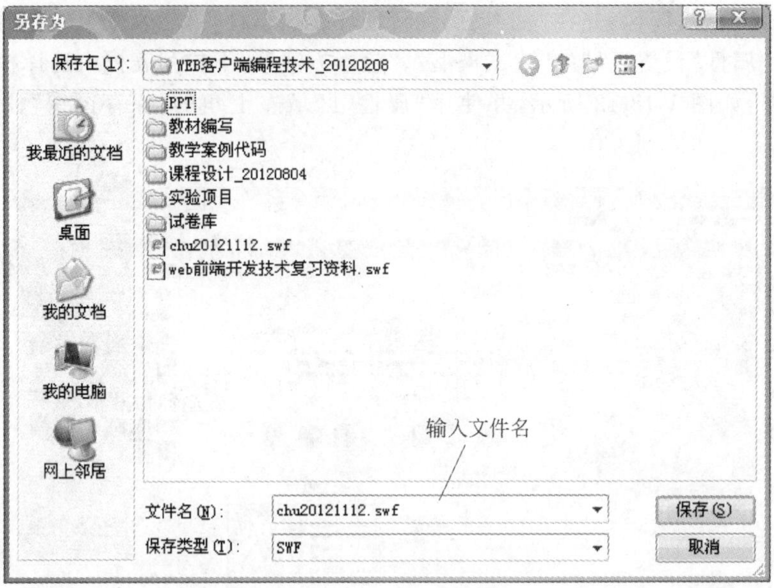

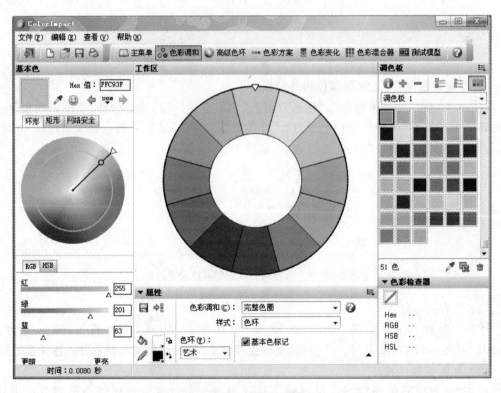

图 1-18-14　保存图像界面

图 1-18-15　色环复制到调色板界面

表 1-18-1 调色板快捷图标功能对应表

图 标	功 能	图 标	功 能
◐	调色板信息	▤	列表
✚	添加调色板	▤	紧凑列表
▬	删除调色板	▦	缩略图

选择"添加调色板"图标,弹出"调色板"对话框,如图 1-18-16 所示,设置调色板标题、描述、URL、作者等信息后,单击"确定"按钮完成添加操作,添加的调色板已经加载到调色板列表框中,如"颜色样式 1",如图 1-18-17 所示。选择"颜色样式 1"这个列表项,单击"复制到调色板"按钮,可以将工作区设置色彩调和色块复制到此调色板上。

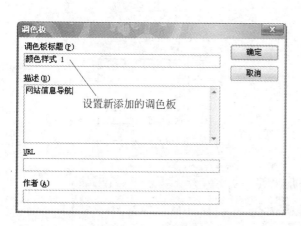

图 1-18-16 "调色板"对话框

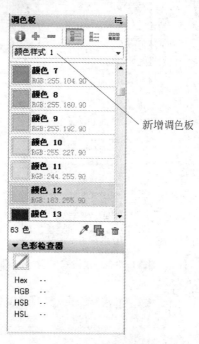

图 1-18-17 添加后调色板界面

(3) 导出。

选择"文件"|"导出"命令,弹出"导出"对话框,如图 1-18-18 所示。

在"来源"列表框中选择"颜色样式 1",然后从"格式"、"图形格式"下拉列表框中选择相应的列表项。"格式"下拉列表框中含有 9 项,如图 1-18-19 所示,其中"色块"、"文本规格表"、"HTML 规格表"、"层叠样式表"4 种适合编辑网页样式时使用;"图形格式"下拉列表框中含有 6 种格式,如图 1-18-20 所示。

选择"HTML 规格表"选项,如图 1-18-21 所示,单击"导出"按钮,弹出"另存为"对话框,输入文件为"colorimpact_chu. html",如图 1-18-22 所示,单击"保存"按钮,完成导出任务。此时程序自动启动浏览器打开当前保存的颜色规格表网页文件,如图 1-18-23 所示。

ColorImpact 软件支持很多种格式的颜色输出,选择其他相应的格式,可以方便地导入到其他可视化网页设计工具软件中去。

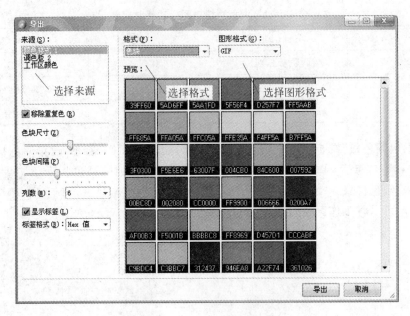

图 1-18-18 "导出"对话框

图 1-18-19 "格式"下拉列表框

图 1-18-20 "图形格式"下拉列表框

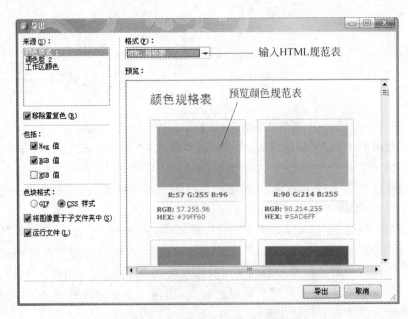

图 1-18-21 选择"HTML 规格表"

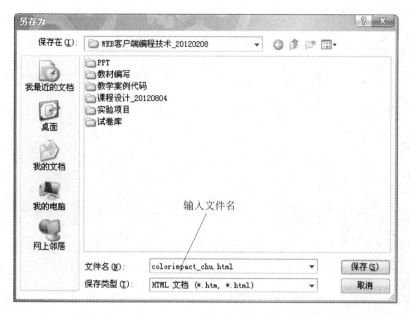

图 1-18-22 "另存为"对话框

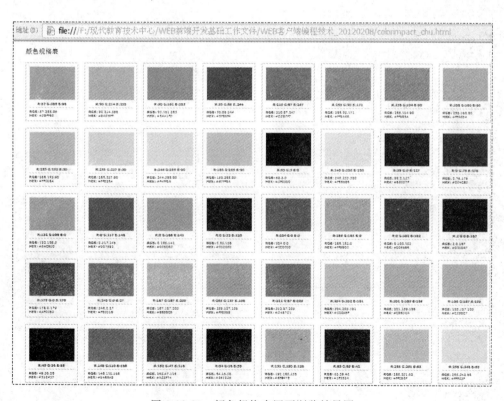

图 1-18-23 颜色规格表网页浏览效果图

下篇 实践（课程设计）

第五部分
网站设计

"Web 前端开发技术"课程设计

一、设计目的

　　"Web 前端开发技术"课程设计是软件工程、计算机科学与技术以及相关专业一个非常重要的实践性教学环节,是学生学习"Web 前端开发技术"课程后必须进行的一次综合性的开发训练。课程设计宗旨是使学生加深对 HTML、CSS、JavaScript 三大 Web 前端开发技术的理解与运用,掌握常用的 Web 前端开发工具和主流网络浏览工具,利用三大主流技术解决 Web 前端开发中一些实际工程问题,提高学生 Web 前端开发的能力。

二、设计要求

1. 界面设计

　　根据网站功能的分析,确定使用页面布局技术(表格、框架、DIV＋CSS、或者混合使用),进行页面设计,使网站功能齐全,界面美观大方,有一定的交互性。

2. 关键技术

　　明确使用哪些关键技术来解决实际问题,如 CSS、DIV、CSS MENU 或第三方插件技术等。

3. 代码设计

　　在编写代码时必须对 HTML、CSS、JavaScript 等部分代码进行必要注释,以提高程序的可读性;同时代码采用锯齿结构(向右缩进方式),保持代码结构清晰;设计的网站中涉及表单部分均需要对表单的输入项进行必要的有效性验证。

4. 选题要求

　　学生自愿选题,每 2～3 名学生为 1 组,不超过 3 名,每组设组长 1 名,负责组内任务分工并组织交流与讨论,确保每名组员均有实际编程任务,各司其职,1 周内共同完成课程设计任务。

5. 代码量要求

　　每组提交网站总代码量必须达到 1500 行以上,人均达到 500 行以上。

6. 答辩与报告要求

　　每组学生各自提交一个可以实际运行的网站系统和课程设计报告。课程设计报告的封面参照实验报告模板,正文部分不少于 10 000 字,内容包括网站功能分析、网站布局设计、网站开发采用的关键技术、开发工具简介、网站实现等,代码必须全部提交。

三、设计案例

　　以"Web 前端开发技术"实践教学网站、"2011 CERNET 年华东北地区年会"商业网站为例,介绍 Web 网站设计与开发,重点讲授网站设计与开发中常用的页面布局技术和导航菜单设计技术。通过两个典型案例的详细分析与讲授,学生能够熟练使用各种 Web 前端开发工具,掌握设计和开发常用的中小型网站基本方法与技能,经过自身的努力与实践能够胜任 Web 前端开发相关的工作。

课题 1 "Web 前端开发技术"实践教学网站

一、网站概况

"Web 前端开发技术"实践教学网站由网站首页和若干个二级页面构成。在首页中设有风格各异的水平导航条和垂直导航条。水平导航条主要采用 CSS3 Menu 软件制作生成,主要包括网站首页、主讲教师、实践大纲、实践项目、课程设计、教学资源 6 个导航栏目,其中实践项目、课程设计、教学资源下设二级导航栏目;垂直导航条主要采用 Sothink Tree Menu 软件制作生成,由 Web 前端开发工具、实践教学项目成果、课程设计课题、网络资源等栏目构成,整个网站的首页效果如图 2-1-1 所示。

图 2-1-1 "Web 前端开发技术"实践教学网站首页

"Web 前端开发技术"实践教学网站设计的重点是网站首页布局设计和主页中采用的各种布局技术的讲解,二级页面仅以"主讲教师"为例进行页面设计,其他网页可以根据具体的课程实践教学要求设计相关的二级页面,也可以设计二级导航菜单,再设计相关网页。

二、页面功能需求

1. 网站首页

主要展示课程实践教学网站的 Logo、导航菜单及需要展示的主要信息。设计要求布局合理、简洁明了,导航条目风格时尚,色彩搭配得当,提供多种途径方便用户快速进入想要查看的主题页面,比较完整地体现课程网站概貌。

2. 主讲教师

图文并茂地介绍课程主讲教师的基本信息、近 5 年教授的专业课程情况、指导课程设计、毕业设计情况、主持或参与的教学与科研项目、发表论文情况、获奖成果情况等信息。

3. 实践教学大纲

介绍课程实践教学大纲(实践教学要求、实验项目、实验类型、实验课时分配、实验成果验收标准等)。

4. 实践项目

根据实践教学大纲要求,重点介绍每次实验的"实验目的"、"实验要求"、"实验项目"。在每一个实验项目中,详细讲解实验项目的实验要求、实验内容、实验中使用的标记、编程要求、实验步骤和程序清单,有助学生通过自主学习完成实验项目。

5. 课程设计

介绍课程设计任务与要求,提供 2 个课程设计案例和相关素材,学生可根据课程设计案例给出网站结构分析、页面布局设计、各二级页面的设计要求完成 Web 网站的仿真开发。学生也可以自行选择类似的网站进行模拟开发与设计,网站页面效果相近即可,风格可以不同,但页面信息内容必须相同。

6. 教学资源

介绍教师提供与课程教学相关的自建资源、网络资源,如类似的小型网站欣赏、常用网页开发技术介绍(HTML 教程:http://www.w3school.com.cn/html/index.asp、CSS 样式属性参考手册:http://www.mb5u.com/tool/css2/、http://www.cssplay.co.uk/menus/等)、历届学生课程设计样例欣赏、网络教学资源平台提供的其他资源等。

三、网站架构设计

1. 网站设计软件

(1) 网页编辑软件:NotePad、EditPlus、TextPad 等。

(2) 导航菜单设计软件:CSS3 Menu、SoThink Tree Menu 等。

(3) CSS 样式设计软件:TopStyle 等。

(4) 颜色选择器:ColorImapact 等。

2. 网站文件结构

在指定的硬盘上建立一个名为"实践教学网站案例"文件夹,该文件用于存放整个网站设计的所有文件。其中有 5 个子文件夹,分别是 design、images、project、web_fedt_files、

259

webtools，如图 2-1-2 所示。

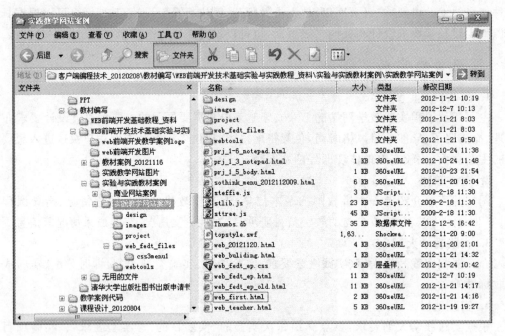

图 2-1-2 "Web 前端开发技术"实践教学网站目标结构

根文件夹：存放 *.html、*.css、*.js 文件，主要有 web_fedt_ep.html、web_teacher.html、web_first.html、prj_1_3_notepad.html、prj_1_5_body.html、prj_1-6_notepad.html、web_buliding.html、web_fedt_ep.css、stlib.js、sttree.js、steffie.js。

design 子文件夹：存放课程设计任务书、课程设计案例的 swf 文件。

images 子文件夹：存放网站 logo、树状菜单中使用的小图标文件。

project 子文件夹：存放实验项目的 swf 文件。

web_fedt_files 子文件夹：存放 CSS3 Menu 软件生成的菜单中所使用的菜单图标文件及样式文件。

webtools 子文件夹：存放 Web 前端开发工具使用说明的 swf 文件。

3. 网站设计

1）网站首页

（1）首页页面布局设计（web_fedt_ep.html）。

首页页面布局是采用典型的"厂"字型布局，共设 4 个区域，分别是网站 Logo 区、导航菜单区、主体显示区、版权区，其布局如表 2-1-1 所示，网站首页效果如图 2-1-1 所示。

表 2-1-1 首页页面布局

Top Logo 区	
Nav menu 导航菜单区	
Sidebar 树状菜单区	Main 右侧主体（内嵌浮动框架）
Footer 版权区	

根据表 2-1-1 所示的页面布局，采用 CSS＋DIV 技术进行页面布局设计，页面 HTML
代码中 DIV 结构如下：

```
1   < body >
2       < div id = "webpage" class = "">
3           < div id = "top_div" class = ""> logo </div>
4           < div id = "nav_div" class = ""> nav </div>
5           < div id = "main_div" class = "">
6               < div id = "sidebar" class = ""> sidebar </div>
7               < div id = "main" class = ""> main </div>
8           </div>
9           < div id = "footer_div" class = ""> footer_div </div>
10      </div>
11  </body>
```

由上述 DIV 结构编写对应的样式表文件，取名为"web_fedt_ep.css"，代码如下：

```
1   / * CSS 文件名：web_fedt_ep.css
2     设计人员：储久良
3     设计时间：2012 - 11 - 19
4     功能说明：Web 前端开发技术实验与实践教学网站样式
5   * /
6   / * webpage 样式          * /
7   #webpage{
8       background: #d6e8f8; width:950px;height:950px;margin:0 auto;
9       border:1px #66cc66 solid; / * 实际使用时删去 * /
10  }
11  / * top_div 样式          * /
12  #top_div{
13      width:950px;height:160px;margin:0 auto;
14      border:1px #66cc66 solid; / * 实际使用时删去 * /
15  }
16  / * nav_div 样式          * /
17  #nav_div{
18      width:950px;height:80px;background: #d6e8f8;margin:0 auto;text - align:center;
19      visibility:visible;      / * IE 需要 * /
20      border:1px #66cc66 solid; / * 实际使用时删去 * /
21  }
22  / * main_div 样式          * /
23  #main_div{
24      width:950px;height:620px;margin:0 auto; background:;
25      border:1px #66cc66 solid; / * 实际使用时删去 * /}
26  / * sidebar 样式          * /
27  #sidebar{
28      float:left;      width:275px;height:610px;/ * background: #95ff3c; * /
29      margin:0 auto;      overflow:hidden;
30      border - right:1px #66ff66 solid; / * 实际使用时删去 * /
31  }
32  / * main 样式          * /
```

```
33  #main{
34      float:left;      width:675px;height:620px;background:#d6e8f8;overflow:hidden;
35  }
36  /* foot_div 样式          */
37  #foot_div{
38      clear:both;background:#5b80cc;      height:55px;width:950px;color:white;
39  }
```

应用上述 CCS 样式后所产生的页面布局效果如图 2-1-3 所示。在实际使用中一般不需要设置边框 border。

logo

nav

sidebar   main

footer_div

图 2-1-3 网站首页布局效果图

（2）网站 logo 设计。

网站 logo 图片或 Flash 大小选用 950×160 像素。采用 Photoshop 软件进行设计,设计时要求以课程名称"Web 前端开发技术实践教学网站"和学校建筑物为基本素材,通过色彩渐变等处理技术进行柔和设计,具体设计过程略,最终效果如图 2-1-4 所示。

图 2-1-4 Web 前端开发技术实践教学网站 logo 图

将图片或 Flash 插入网页中的 HTML 代码如下：

```
1    < div id = "top_div" class = "">
2        <! -- < img src = "2.jpg" width = "950" height = "160" border = "0" alt = ""> -->
3        < embed src = "images/1.swf" width = "950" height = "160px"></embed>
4    </div>
```

第 2 行代码是插入图片（去掉注释生效），第 3 行代码是插入 Flash 文件。
定义头部 CSS 样式如下：

```
#top_div{width:950px;height:160px;margin:0 auto;}
```

（3）导航菜单设计。

导航菜单可以使用无序列表、表格、超链接和样式表相结合的方法来设计，也可以使用 CSS3 Menu 等第三方菜单软件生成工具来设计。

① 一级菜单水平设计。

• 采用"表格＋超链接"来设计。

使用表格设计一级导航菜单非常容易，采用 1 行 8 列表格，第 1 和第 8 单元格插入空格，留出左右边空白，其余单元格内插入超链接即可实现。代码如下：

```
1    < div id = "" class = "">
2        < table width = "950px" height = "80px" bgcolor = "#99ffcc">
3          < tr >
4          < td >  </a></td>
5          < td >< a href = "">网站首页</a></td>
6          < td >< a href = "">主讲教师</a></td>
7          < td >< a href = "">实践大纲</a></td>
8          < td >< a href = "">实践项目</a></td>
9          < td >< a href = "">课程设计</a></td>
10         < td >< a href = "">教学资源</a></td>
11         < td >  </a></td>
12         </tr>
13       </table>
14   </div>
```

代码中第 2 行是定义表格宽度、高度和背景；第 4 行、第 11 行单元格是插入空格，第 5 行～第 10 行单元格是利用超链接定义导航菜单。

对超链接和单元格定义如下样式：

```
a:hover{text - decoration:none;background:#00cc66;color:white;}
td{text - align:center;}
```

应用上述 CSS 样式后导航菜单的效果如图 2-1-5 所示。

• 采用无序列表＋超链接来设计。

采用无序列表制作"一级水平导航菜单"需要做两件事：一是要去掉列表项前面的符

图 2-1-5　采用表格制作网站导航菜单效果图

号；二是将垂直显示的列表项转换成水平显示。

采用无序列表设计的导航菜单代码如下：

```
1  <ul>
2      <li><a href = "">网站首页</a></li>
3      <li><a href = "">主讲教师</a></li>
4      <li><a href = "">实践大纲</a></li>
5      <li><a href = "">实践项目</a></li>
6      <li><a href = "">课程设计</a></li>
7      <li><a href = "">教学资源</a></li>
8  </ul>
```

通过浏览器预览设计效果，如图 2-1-6 所示，菜单默认状态是按垂直方式显示而且带有列表项符号"·"。

图 2-1-6　初始导航菜单效果图

对无序列表、列表项分别定义如下的 CSS 样式后，导航菜单的效果会发生变化，显示方式已由垂直改为水平方式，列表项前面的符号也没有了，效果如图 2-1-7 所示。

图 2-1-7　应用 CSS 样式后导航菜单效果图

```
ul{list - style - type:none;/* 去除列表项前的符号 */}
ul li{float:left;display:block;margin:0 auto; width:10em; line - height:2em;
background:#99ffcc}      /* 使用浮动属性实现水平导航效果 */
```

垂直一级菜单实现起来比较容易。因为列表项默认就是以垂直方式显示的，所以不再考虑如何控制列表项，整体控制起来比较容易，在此不再重复。

② 多级菜单设计。

• 多级平行式菜单。

使用无序列表嵌套实现多级层次的菜单显示,一般不超过四层菜单,水平菜单命名为"水平菜单"+1 位数字,数字从 0、1、2、3、……依次编号;二级菜单命名为"下拉菜单"+2 位数字,数字在上层菜单数字的后面再加一位数字,编排顺序同上;三级和四级菜单命名规则类似,只是数字位数增加了,菜单是几层数字就有几位,效果如图 2-1-8 所示。

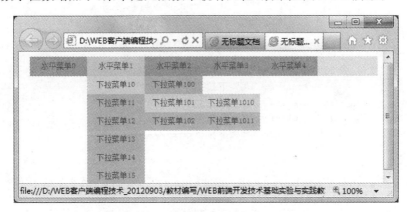

图 2-1-8　多级水平式导航菜单效果图

实现的 HTML 代码如下:

```
1    < div class = "menu">
2        < ul class = "level0">
3            < li class = "imyeah"> < a href = " # ">水平菜单 0 </a>
4                < ul class = "level1">
5                    < li > < a href = " # ">下拉菜单 00 </a> </li>
6                    < li class = "imyeah"> < a href = " # ">下拉菜单 01 </a>
7                        < ul class = "level2">
8                            < li class = "imyeah"> < a href = " # ">下拉菜单 010 </a>
9                            < ul class = "level3">
10                               < li > < a href = " # ">下拉菜单 0100 </a> </li>
11                               < li > < a href = " # ">下拉菜单 0101 </a> </li>
12                           </ul>
13                           </li>
14                           < li > < a href = " # ">下拉菜单 011 </a> </li>
15                           < li > < a href = " # ">下拉菜单 012 </a> </li>
16                       </ul>
17                   </li>
18                   < li > < a href = " # ">下拉菜单 02 </a> </li>
19                   < li > < a href = " # ">下拉菜单 03 </a> </li>
20                   < li > < a href = " # ">下拉菜单 04 </a> </li>
21               </ul>
22           </li>
23           < li class = "imyeah"> < a href = " # " class = "top_link">水平菜单 1 </a>
24               < ul class = "level1">
25                   < li class = "imyeah"> < a href = " # ">下拉菜单 10 </a>
```

265

```
26                  < ul class = "level2">
27                      < li > < a href = " # ">下拉菜单 100 </a> </li>
28                      < li class = "imyeah"> < a href = " # ">下拉菜单 101 </a>
29                          < ul class = "level3">
30                              < li > < a href = " # ">下拉菜单 1010 </a> </li>
31                              < li > < a href = " # ">下拉菜单 1011 </a> </li>
32                          </ul>
33                      </li>
34                      < li > < a href = " # ">下拉菜单 102 </a> </li>
35                  </ul>
36              </li>
37              < li > < a href = " # ">下拉菜单 11 </a> </li>
38              < li > < a href = " # ">下拉菜单 12 </a> </li>
39              < li > < a href = " # ">下拉菜单 13 </a> </li>
40              < li > < a href = " # ">下拉菜单 14 </a> </li>
41              < li > < a href = " # ">下拉菜单 15 </a> </li>
42          </ul>
43      </li>
44      < li class = "imyeah"> < a href = " # " class = "top_link">水平菜单 2 </a>
45          < ul class = "level1">
46              < li > < a href = " # ">下拉菜单 20 </a> </li>
47              < li > < a href = " # ">下拉菜单 21 </a> </li>
48          </ul>
49      </li>
50      < li class = "imyeah"> < a href = " # " class = "top_link">水平菜单 3 </a>
51          < ul class = "level1">
52              < li > < a href = " # ">下拉菜单 30 </a> </li>
53              < li > < a href = " # ">下拉菜单 31 </a> </li>
54              < li > < a href = " # ">下拉菜单 32 </a> </li>
55          </ul>
56      </li>
57      < li > < a href = " # " class = "top_link">水平菜单 4 </a> </li>
58  </ul>
59 </div>
```

对 menu、ul、a、li 等标记针对不同的菜单层次定义不同的 CSS 样式,代码如下:

```
1   /* 多级菜单 - 平行式 */
2   .menu {                          /* 定义主列表属性 */
3       height:30px;
4       background: #e6e6e6;
5       margin - left:10px;
6   }
7   .menu a {                        /* 定义超链接属性 */
8       text - decoration:none;
9   }
10  ul {                             /* 定义无序列表属性 - 清除所有默认连边距 */
11      margin:0;
12      padding:0;
```

```
13 }
14 .menu li {                          /*定义列表项属性*/
15     list - style:none;
16     float:left;
17     width:90px;
18     overflow:visible;
19     cursor:pointer;
20 }
21 ul.level0 {                         /*定义水平顶层菜单属性*/
22     height:30px;
23     overflow:visible;
24 }
25 ul.level1, ul.level2, ul.level3 {    /*定义二级、三级和四级菜单属性 */
26     width:90px;
27     display:none;                   /*不显示*/
28 }
29 ul.level2, ul.level3 {              /*定义三级和四级列表属性*/
30     margin: - 28px 0 0 90px;
31 }
32 ul.level0 > li {                    /*定义水平菜单列表项属性*/
33     height:30px;
34     line - height:30px;
35     text - align:center;
36     background: #999;
37 }
38 ul.level1 > li, ul.level2 > li, ul.level3 > li {     /*定义子菜单列表项属性*/
39     height:28px;
40     line - height:28px;
41     background: #bbb;
42 }
43 ul.level0 > li:hover {              /*鼠标移过时列表项属性*/
44     background: #ccc;
45 }
46 ul.level1 > li:hover, ul.level2 > li:hover, ul.level3 > li:hover {
47     background: #ddd;              /*定义子菜单鼠标移过时背景颜色*/
48 }
49 ul.level0 > li.imyeah:hover > ul, ul.level1 > li.imyeah:hover > ul, ul.level2 > li.
imyeah:hover > ul, ul.level3 > li.imyeah:hover > ul {
50     display:block;                 /*定义各级菜单列表项鼠标移过时,为块状显示*/
51 }
```

采用上述编制多级菜单的思想,设计"Web 前端开发技术"实践课程网站的导航菜单,只要将 HTML 代码中的无序列表的列表项重新设置一下便可实现,效果如图 2-1-9 所示。

- 多级垂直式菜单。

同样采用嵌套无序列表实现多级垂直菜单,采用无序列表默认的垂直排列方式,去掉列表项前的符号,参照水平式多级菜单编写方法,修改 CSS 样式表,自行练习编写。

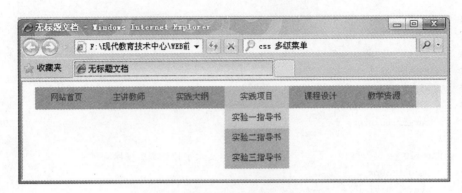

图 2-1-9　多级水平式导航菜单效果图

③ 采用 CSS3 Menu 设计下拉式菜单。

CSS3 Menu 是一款制作网页导航菜单的工具。集成多种导航栏目样式模板和各类可供选择图标模板，使用它只要选择相应的导航模板和图标模板，在编辑界面输入导航栏目文字、调整好颜色，便可快速制作出风格独特的 CSS 网页导航菜单。制作完成后通过自动发布的功能导出标准的 HTML、CSS 文件。

参照"实验十六 CSS3 Menu"给出设计步骤，利用 CSS3 Menu 软件添加水平式菜单，软件设计界面如图 2-1-10 所示。

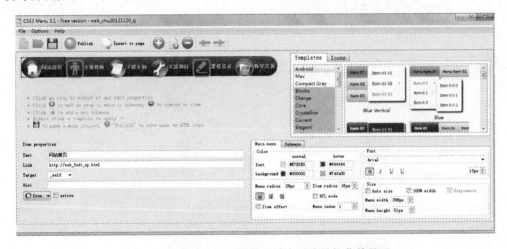

图 2-1-10　CSS3 Menu 软件设计水平式导航菜单界面

完成设计后，通过 Publish(发布)图标，将生成的菜单写到 HTML 文件中，同时自动打开浏览器预览生成的菜单，如图 2-1-11 所示。在当前目录下会产生两个文件：一个是 *.html 文件，如 web_20121208.html；一个是前缀与 HTML 文件同名＋"_files"的子文件夹，如 web_20121208_files，在子文件夹里自动生成一个 css3menu1 子文件夹，文件夹内存放的是生成菜单所需要的样式文件和图标文件，如图 2-1-12 所示。

CSS3 Menu 软件自动生成的 HTML 代码如下所示，可以将此段代码经过适当的修改后嵌入自己的 HTML 页面中去。

图 2-1-11　CSS3 Menu 生成水平式导航菜单发布效果

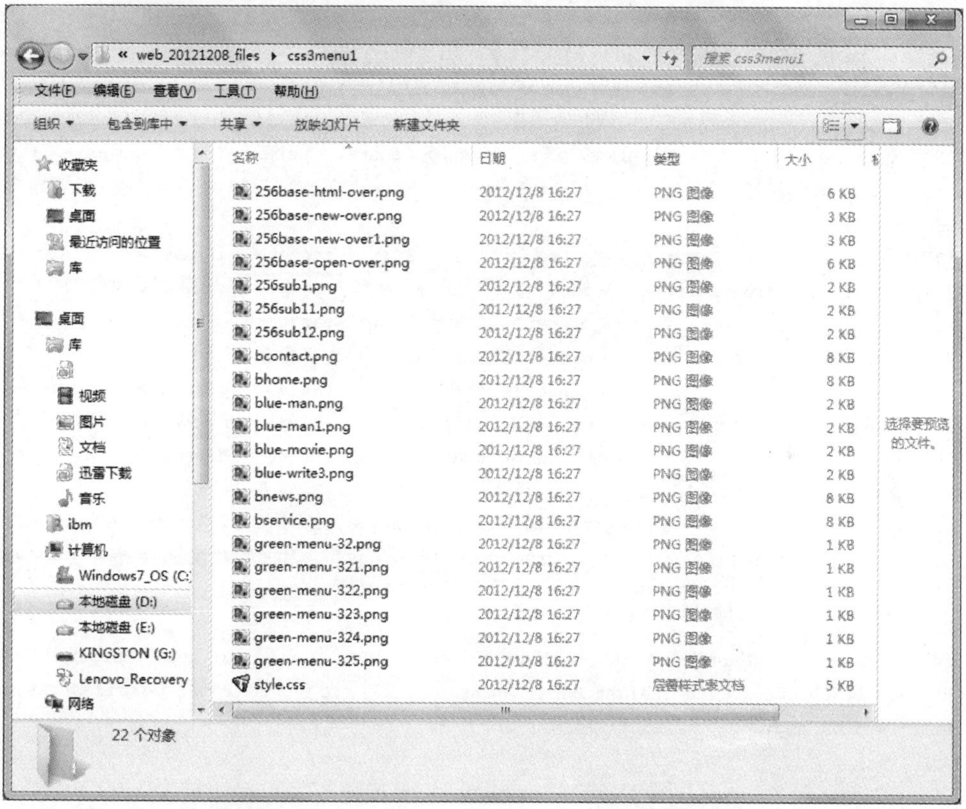

图 2-1-12　CSS3 Menu 自动生成目录文件结构图

```
1  <!DOCTYPE HTML PUBLIC " - //W3C//DTD HTML 4.01 Transitional//EN" color = #FF00FF >"http://
www.w3.org/TR/html4/loose.dtd">
2  < html dir = "ltr">
3     < head >
4        < meta http - equiv = "content - type" content = "text/html; charset = utf - 8" />
5        <! -- Start css3menu.com HEAD section -->
6        < link rel = "stylesheet" href = "web_20121208_files/css3menu1/style.css" type =
"text/css" />< style >._css3m{display:none}</style ><! -- End css3menu.com HEAD section -->
7     </head >
```

269

```
8         < body style = "background - color: #EBEBEB">
9           <!-- Start css3menu.com BODY section -->
10          < ul id = "css3menu1" class = "topmenu">
11             < li class = "topmenu">< a href = "http://web_fedt_ep.html" style = "height:
64px;line - height:64px;">< img src = "web_20121208_files/css3menu1/bhome.png" alt = ""/>网站
首页</a></li>
12             < li class = "topmenu">< a href = "http://web_teacher.html" target = "iframe"
style = "height:64px;line - height:64px;">< img src = "web_20121208_files/css3menu1/blue -
man1.png" alt = ""/>主讲教师</a></li>
13             < li class = "topmenu">< a href = "http://web_pra_document.html" target =
"iframe" style = "height:64px;line - height:64px;">< img src = "web_20121208_files/css3menu1/
bnews.png" alt = ""/>实践大纲</a></li>
14             < li class = "topmenu">< a href = "http://web_prictice.html" target = "iframe"
style = "height:64px;line - height:64px;">< span >< img src = "web_20121208_files/css3menu1/
bservice.png" alt = ""/>实践项目</span></a>
15                < ul >
16                   < li class = "subfirst">< a href = "charp_1.swf" target = "iframe">
< img src = "web_20121208_files/css3menu1/green - menu - 32.png" alt = ""/>实验一 指导书</a>
</li>
17                   < li >< a href = "charp_2.swf" target = "iframe">< img src = "web_
20121208_files/css3menu1/green - menu - 321.png" alt = ""/>实验二 指导书</a></li>
18                   < li >< a href = "charp_3.swf" target = "iframe">< img src = "web_
20121208_files/css3menu1/green - menu - 322.png" alt = ""/>实验三 指导书</a></li>
19                   < li >< a href = "charp_4.swf" target = "ifrmae">< img src = "web_
20121208_files/css3menu1/green - menu - 323.png" alt = ""/>实验四 指导书</a></li>
20                   < li >< a href = "charp_5.swf" target = "iframe">< img src = "web_
20121208_files/css3menu1/green - menu - 324.png" alt = ""/>实验五 指导书</a></li>
21                   < li class = "sublast">< a href = "charp_6.swf" target = "iframe">< img
src = "web_20121208_files/css3menu1/green - menu - 325.png" alt = ""/>实验六 指导书</a></li>
22                </ul >
23             </li>
24             < li class = "topmenu">< a href = "http://web_note.html" target = "iframe"
style = "height:64px;line - height:64px;">< span >< img src = "web_20121208_files/css3menu1/
blue - write3.png" alt = ""/>课程设计</span></a>
25                < ul >
26                   < li class = "subfirst">< a href = "design1.swf" target = "iframe"><
img src = "web_20121208_files/css3menu1/256base - new - over.png" alt = ""/>设计任务书 1</a>
</li>
27                   < li class = "sublast">< a href = "design2.swf" target = "iframe">< img
src = "web_20121208_files/css3menu1/256base - new - over1.png" alt = ""/>设计任务书 2</a>
</li>
28                </ul >
29             </li>
30             < li class = "topmenu">< a href = "http://web_resource.html" target = "iframe"
style = "height:64px;line - height:64px;">< span >< img src = "web_20121208_files/css3menu1/
256base - open - over.png" alt = ""/>教学资源</span></a>
31                < ul >
```

```
32                    < li class = "subfirst" > < a href = "http://www.w3school.com.cn/"
target = "iframe" > < img src = "web_20121208_files/css3menu1/256sub1.png" alt = "" /> HTML 教程
</a></li>
33                    < li > < a href = "http://www.admin5.com/html/html_ref/css_prop_
index.html" target = "iframe" > < img src = "web_20121208_files/css3menu1/256sub11.png" alt
= "" /> CSS 参考</a></li>
34                    < li class = "sublast" > < a href = "http://58.193.192.23/claroline-
latest" target = "iframe" > < img src = "web_20121208_files/css3menu1/256sub12.png" alt = "" />
乐学网</a></li>
35                    </ul>
36                  </li>
37                </ul>
38              < p class = "_css3m" > < a href = "http://css3menu.com/" > CSS3 Button Rollover
Css3Menu.com </a></p>
39              <!-- End css3menu.com BODY section -->
40          </body>
41  </html>
```

④ 采用 SoThink Tree Menu 设计树状菜单。

参照"实验十七 Sothink Tree Menu"中给出的设计树状菜单的步骤,从模板新建,然后编辑树状菜单节点属性,分别设置菜单节点文字、对齐方式、指定链接、链接目标打开方式、菜单的宽度、高度等项目,结果如图 2-1-13 所示,然后按照指定的步骤完成树状菜单发布。参照上述步骤完成"课题 1"中树状菜单的设计,效果如图 2-1-14 所示。

图 2-1-13　SoThink Tree Menu 定制树状菜单界面图

图 2-1-14　定制树状菜单界面图

生成树状菜单的关键 HTML 代码如下：

```
1   < div id = "sidebar" class = "">
2       < a href = "http://www.dhtml - menu - builder.com" style = "display:none;visibility:
hidden;">Javascript DHTML Tree Menu Powered by dhtml - menu - builder.com </a>
3       < script type = "text/javascript">
4           <!--
5           stBM(260,"tree0b2e",[0,"","","images/blank.gif",0,"left","auto","auto",1,0,
- 1,270,600,"solid",8," # 5b80cc"," # 5b80cc","","repeat - y",1,"images/simple_f.gif",
"images/simple_uf.gif",9,9,0,"","","","",1,0,3,1,"center",1,1,0,"","","","",""]);
6           stBS("p0",[0,1,"", - 2,"", - 2,50,25,3]);
7           stIT("p0i0",["Web 前端开发工具","","_self","","","","",2,26,"bold 8pt 'Arial'",
" # 000000","none","transparent","images/XPbanner3.gif","no - repeat","bold 8pt 'Arial'"," #
3399FF","none","transparent","images/XPbanner3a.gif","no - repeat","bold 8pt 'Arial'"," #
000000","none","transparent","images/XPbanner3.gif","no - repeat","bold 8pt 'Arial'"," #
3399FF","none","transparent","images/XPbanner3a.gif","no - repeat",1,0,"left","middle",0,
0,"","","","",0,0,0]);
8           stBS("p1",[,0,,,,,,, - 1],"p0");
9           stIT("p1i0",["EditPlus","webtools/editplus.swf","iframe",,,,"images/home_f.
gif","images/home_f.gif",20,20,"8pt 'Arial'"," # FFFFFF",,,"XPline.gif","repeat - y","8pt '
Arial'"," # 000000",,,"XPline.gif","repeat - y","8pt 'Arial'",,,,"images/XPline.gif","repeat
- y","8pt 'Arial'"," # 000000","underline",,,"images/XPline.gif","repeat - y"],"p0i0");
10          stIT("p1i1",["TextPad","webtools/textpad.swf"],"p1i0");
11          stIT("p1i2",["TopStyle","webtools/topstyle.swf"],"p1i0");
```

```
12          stIT("p1i3",["CSS3 Menu","webtools/css3menu.swf"],"p1i0");
13          stIT("p1i4",["Sothink Tree Menu","webtools/sothinktreemenu.swf"],"p1i0");
14          stIT("p1i5",["ColorImpact","webtools/colorimpact.swf"],"p1i0");
15          stES();
16          stIT("p0i1",["实践教学项目成果",,,,,,,1,,,,,,,"XPbanner1.gif",,,,,,"images/
XPbanner1a.gif",,,,,,"XPbanner1.gif",,,,,,"XPbanner1a.gif",,,,,,235,28,"images/
XParrow1a.gif","images/XParrow2a.gif","images/XParrow1.gif","images/XParrow2.gif",20,22,
1],"p0i0");
17          stBS("p2",[,,"progid:DXImageTransform.Microsoft.Wipe(GradientSize=1.0,
wipeStyle=1,motion=forward,enabled=0,Duration=0.20)",5,"progid:DXImageTransform.
Microsoft.Wipe(GradientSize=1.0,wipeStyle=1,motion=reverse,enabled=0,Duration=
0.20)",4,90],"p0");
18          stIT("p2i0",["实验一","","_self",,,,,,,,,,,,,,,,,,,,,,,,,,,,,,,,1],"p1i0");
19          stBS("p3",[],"p1");
20          stIT("p3i0",["NotePad编写网页","prj_1_3_notepad.html",,,,"images/greenball_
c.gif","greenball_c.gif"],"p1i0");
21          stIT("p3i1",["body标记属性使用","prj_1_5_body.html"],"p3i0");
22          stIT("p3i2",["三合一综合练习","prj_1-6_notepad.html"],"p3i0");
23          stES();
24          stIT("p2i1",["实验二",,,,,"images/earth_f.gif","images/earth_
f.gif",,,,,,,,,,,,,,,,,,,,,,,,,,,,0],"p2i0");
25          stBS("p4",[],"p1");
26          stIT("p4i0",["文字与段落格式化","web_buliding.html","iframe"],"p3i0");
27          stIT("p4i1",["无序列表实现新闻列表","web_buliding.html"],"p3i0");
28          stIT("p4i2",["有序列表制作管理制度","web_buliding.
html",,,,,,,,,,,,,,,,,,,,,,,,,,,24],"p3i0");
29          stIT("p4i3",["自定义列表制作目录","web_buliding.html"],"p3i0");
30          stES();
31          stIT("p2i2",["实验三",,,,,"images/people_f.gif","images/people_f.gif"],
"p2i1");
32          stBS("p5",[,0],"p0");
33          stIT("p5i0",["网站导航的超链接设计","web_buliding.html"],"p3i0");
34          stIT("p5i1",["制作帮助文档","web_buliding.html"],"p3i0");
35          stIT("p5i2",["音乐电子相册制作","web_buliding.html"],"p3i0");
36          stIT("p5i3",["制作多媒体网页","web_buliding.html"],"p3i0");
37          stES();
38          stIT("p2i3",["实验四",,,,,"images/greenball_f.gif","images/greenball_uf.
gif"],"p2i1");
39          stBS("p6",[],"p5");
40          stIT("p6i0",["CSS四种样式的引用","web_buliding.html"],"p3i0");
41          stIT("p6i1",["CSS+DIV页面布局设计","web_buliding.html"],"p3i0");
42          stES();
43          stIT("p2i4",["实验五"],"p2i3");
44          stBS("p7",[],"p5");
45          stIT("p7i0",["油画欣赏页面设计","web_buliding.html","iframe"],"p3i0");
46          stIT("p7i1",["CERNET华东北年会网站",,,,,,,,,,,,,,,,,,,,,,,,,,,,,,
"top"],"p7i0");
47          stES();
48          stIT("p2i5",["实验六"],"p2i3");
49          stBS("p8",[],"p1");
```

```
50      stIT("p8i0",["成绩登记表的制作"],"p7i0");
51      stIT("p8i1",["产品宣传页面的制作"],"p7i0");
52      stIT("p8i2",["江苏教育电子政务网站"],"p7i0");
53      stES();
54      stIT("p2i6",["实验七"],"p2i3");
55      stBS("p9",[],"p1");
56      stIT("p9i0",["网站管理后台页面"],"p7i0");
57      stIT("p9i1",["实践作品大赛网"],"p7i0");
58      stES();
59      stIT("p2i7",["实验八"],"p2i3");
60      stBS("p10",[],"p1");
61      stIT("p10i0",["留言板设计"],"p7i0");
62      stIT("p10i1",["调查问卷设计"],"p7i0");
63      stES();
64      stIT("p2i8",["实验九"],"p2i3");
65      stBS("p11",[],"p1");
66      stIT("p11i0",["改变网页字体大小"],"p7i0");
67      stIT("p11i1",["计算圆的面积"],"p7i0");
68      stIT("p11i2",["消息对话框使用"],"p7i0");
69      stIT("p11i3",["系统内部函数使用"],"p7i0");
70      stES();
71      stIT("p2i9",["实验十"],"p2i3");
72      stBS("p12",[],"p1");
73      stIT("p12i0",["五级制成绩表示法","web_buliding.html"],"p3i0");
74      stIT("p12i1",["计算∑N!","web_buliding.html"],"p7i0");
75      stES();
76      stIT("p2i10",["实验十一"],"p2i3");
77      stBS("p13",[],"p1");
78      stIT("p13i0",["表单验证"],"p7i0");
79      stIT("p13i1",["鼠标事件处理程序"],"p7i0");
80      stES();
81      stIT("p2i11",["实验十二"],"p2i3");
82      stBS("p14",[],"p1");
83      stIT("p14i0",["福利彩票投注助手","web_buliding.html"],"p3i0");
84      stIT("p14i1",["双向选择列表框","web_buliding.html"],"p3i0");
85      stES();
86      stES();
87        stIT("p0i2",["课程设计课题",,,,,,2,,,,,,"images/XPbanner2.gif",,,,,,
"images/XPbanner2a.gif",,,,,,"images/XPbanner2.gif",,,,,,"images/XPbanner2a.gif",,,,,,0],
"p0i1");
88          stBS("p15",[],"p2");
89        stIT("p15i0",["课题1-实践教学网站",,,,,,"images/template_f.gif","images/
template_f.gif"],"p2i1");
90          stIT("p15i1",["课题2-个人实验成果网站",,,,,,"images/book_f.gif","images/book
_f.gif"],"p2i1");
91          stES();
92        stIT("p0i3",["网络资源",,,,,,,,,,,,,"images/XPbanner3.gif",,,,,,"images/
XPbanner3a.gif",,,,,,"images/XPbanner3.gif",,,,,,"images/XPbanner3a.gif"],"p0i2");
93          stBS("p16",[],"p2");
```

```
94          stIT("p16i0",["HTML 教程","http://www.w3school.com.cn/html",,,,,"images/face_f.
   gif","images/face_f.gif"],"p1i0");
95          stIT("p16i1",["网络课程管理平台","http://58.193.192.16",,,"iframe"],
   "p16i0");
96          stIT("p16i2",["乐学网","http://58.193.192.23/claroline-latest"],"p16i0");
97          stES();
98          stES();
99          stEM();
100         //-->
101     </script>
102 </div>
```

树状菜单引用的外部 JavaScript 文件名为 stlib.js,引用方式如下:

```
<script type = "text/javascript" src = "stlib.js"></script>
```

(4) 主体区中右侧显示区设计。

主体区左侧是树状菜单显示区,右侧采用浮动框架,在浮动框架中设置初始显示网页文件名为 web_first.html,页面 DIV 结构代码如下:

```
<div id = "main" class = "">
    <iframe name = "iframe" src = "web_first.html"></iframe>
</div>
```

(5) 版权区域设计。

版权区域 DIV 又分成左、右两个子 DIV,采用浮动属性实现水平并列显示,其 DIV 结构代码如下:

```
<div id = "footer_div" class = "">
    <hr size = 1 width = 950px color = #5b80cc>
    <div id = "footer_left" class = ""></div>
    <div id = "footer_right" class = ""></div>
</div>
```

2) 二级页面设计

(1) 主讲教师页面设计。

主讲教师页面主要运用 table、img、div、p、style 等标记来完成主讲教师基本信息、承担的教学、科研工作和科研获奖情况的展示,页面效果如图 2-1-15 所示。二级页面设计并不复杂,在此省略 HTML 代码及 CSS 样式代码。

(2) 其他页面设计。

实践大纲、实践项目、课程设计、教学资源等页面一般均是 Word 文档,可以通过相应软件转换成 PDF 文档或 SWF 文件,然后通过超链接直接加载即可,也可以静态页面方式显示相关信息。其他页面的效果分别如图 2-1-16～图 2-1-19 所示,实现的页面代码在此省略。

图 2-1-15　主讲教师网页效果图

图 2-1-16　实践大纲页面效果图

图 2-1-17　课程设计任务页面效果图

图 2-1-18　Web 前端开发工具——EditPlus 使用网页

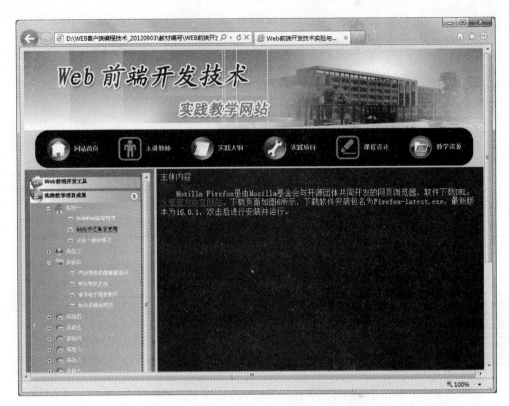

图 2-1-19　实验一——Body 标记属性使用页面效果图

课题 2　2011 CERNET 华东北地区年会网站

一、网站概述

2011 CERNET 华东北地区年会网站由首页、会议介绍、新闻、日程安排、交通、资料下载、注册、联系我们共 8 个相关子页面构成。首页布局如图 2-2-1 所示。

网站导航栏目与网页文件对应表如表 2-2-1 所示。

表 2-2-1　网站页面名称与文件名称对应表

序　号	导 航 栏 目	页面文件名称
1	首页	index. html
2	会议介绍	introduction. html
3	新闻	newslist. html
4	日程安排	schedule. html
5	交通	traffic. html
6	资料下载	download. html
7	注册	register. html
8	联系我们	contact. html

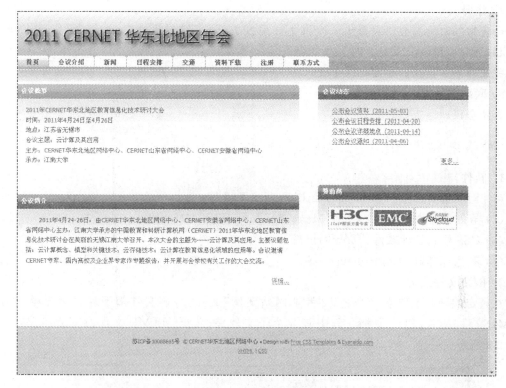

图 2-2-1　2011 CERNET 年会网站首页

二、页面功能需求

1. 首页

布局合理、简洁明了,导航条显目,完整地展现会议网站的概貌。

2. 会议介绍

以图文并茂的方式设计页面,介绍会议的概貌、报告场景、无锡美景,辅助介绍会议动态和赞助商信息。

3. 新闻

详细介绍会议资料(图片资料)、会议日程安排(简要信息)、详细地点(简要信息)、会议通知(PDF 文档)等信息,通过超链接方式浏览相关信息。

4. 日程安排

主要介绍本次会议报到时间、报到地点、会议地点以及会议日程(以表格形式展示)。

5. 交通

介绍会议举办地点的乘车线路、自驾和机场行走路径导航等,展示会议举办宾馆图片和百度地图信息。

6. 资料下载

介绍本次会议邀请的 10 位专家、学者报告(PPT)信息,以超链接方式组织信息(PDF 文档 HTTP 下载)。

7. 注册

会议举办时给参会代表提供一个网上注册的方式,主要包括姓名、性别、工作单位、职务/职称、手机、E-mail 及是否参加游览等信息。本页面只要求设计表单,通过单击"注册"按钮完成对表单信息的必要验证工作。

8. 联系方式

介绍会议联系方式。

三、网站架构设计

1. 软件

(1)网页编辑软件:NotePad、EditPlus、TextPad 等。

(2)导航菜单设计软件:CSS3 Menu、SoThink Tree Menu 等。

(3)CSS 样式设计软件:TopStyle 等。

(4)颜色选择器:ColorImapact 等。

2. 网站文件结构

在指定的硬盘上建立一个名为"商业网站案例"文件夹,该文件用于存放用户设计的 HTML 文件、图片、PDF 文档。其中有 5 个子文件夹、若干 HTML 文件及 CSS 文件,如图 2-2-2 所示。

图 2-2-2　2011 CERNET 年会网站文件结构

根文件夹:存放 HTML 文件和 CSS 样式文件。HTML 文件如 index. html、introduction. html、newslist. html、schedule. html、traffic. html、download. html、register. html、contact. html 共 8 个二级页面的 HTML 文件及其他辅助页面文件;CSS 样式文件 it2011. css。

img 子文件夹：存放 index.html 网页上所使用图片，如 logo、彩色条带背景图片、赞助商 logo 等。

img_2 子文件夹：存放 introduction.html 网页上所使用图片。

img_3 子文件夹：存放 newslist.html 网页及本页面链接网页上所使用图片。

img_5 子文件夹：存放 traffic.html 网页及本页面链接网页上所使用图片。

resource 子文件夹：存放专家报告和会议通知的 PDF 文档。

3. 具体页面设计要求

1) CERNET 华东北地区年会网站首页

(1) 首面布局分析。

首页如图 2-2-1 所示，页面布局由三大区域构成，分别是网站 Logo 区（含导航菜单区）、主体区（内分 4 个小区）、版权区，其布局如表 2-2-2 所示。

表 2-2-2 首页页面布局

Logo 区	
Nav menu 导航菜单区	
主体区 Left-top 区	Right-top 区
Left-bottom 区	Right-bottom 区
footer 版权区	

(2) 首页 DIV＋CSS 设计。

根据表 2-2-2 所示页面布局，采用 DIV 布局的 HTML 代码如下：

```
1   <!-- 2011 华东北地区年会网站 DIV 结构 -->
2   <body>
3       <div id = "header" class = "">
4           <div id = "logo" class = ""> logo 图片</div>
5       </div>
6       <div id = "menu" class = "">菜单</div>
7       <div id = "page" class = "">
8           <div id = "content - left"> <!—左侧内容 -->
9               <div id = "feature" class = "box - orange"><!—彩条 -->
10                  <div class = "content">内容 </div>
11              </div>
12              <div class = "box - blue"><!—彩条 -->
13                  <div class = "content"> … </div>
14              </div>
15          </div>
16          <div id = "content - right">  <!—右侧内容 -->
17              <div class = "box - blue"><!—彩条 -->
18                  <div class = "content">内容</div>
19              </div>
20              <div class = "box - pink"><!—彩条 -->
21                  <div class = "content">内容</div>
22              </div>
23          </div>
```

```
24      </div>
25      <div id="footer">…</div>
26  </body>
```

首页全局 CSS 样式定义如下：

- 通用样式。

```
/* 通用样式 */
* {margin: 0;padding: 0;}
```

- 主体 body、表头 th、单元格 td 样式。

```
body, th, td {
    background: #FFFFFF url("img/img01.gif") repeat-x;
    font-family: "微软雅黑", Tahoma, Verdana, Arial, Helvetica, sans-serif;
    font-size: 13px;color: #666666;}
```

- 段落 p、无序列表 ul、有序列表 ol 样式。

```
p, ul, ol {margin-bottom: 1.5em;line-height: 1.6em;}
```

- 无序列表 ul、列表项 li 样式。

```
ul {list-style: none;}
ul li {padding-left: 10px;background: url("/img/img16.gif") no-repeat 0px 10px;}
```

- 超链接 a 伪类样式。

```
a:link {color: #3490F8;}
a:hover, a:active {text-decoration: none;color: #F89934;}
a:visited {color: #666666;}
```

- 标题字样式。

```
h1, h2 {font-family: "微软雅黑", Tahoma, "Trebuchet MS", Arial, Helvetica, sans-serif;font-weight: normal;}
h1 {font-size: 197%;}
h2 {font-size: 167%;}
h3 {margin-bottom: 1em;font-size: 100%;color: #000000;}
```

- 左侧边 Sidebar 样式。

```
#sidebar {float: right;width: 420px;}
#sidebar .col-one {width: 200px;}
#sidebar .col-two {width: 200px;}
```

（3）首页设计。

① 网站头部设计。

头部由 2 个 DIV 嵌套构成，在 logo 图层中使用 img 标记加载图片作为超链接的标题，图片是会标，其 HTML 中 DIV 结构如下：

```
1   <div id = "header">
2       <div id = "logo">
3           <h1><a href = "index.html"><img src = "img/it2011.png" alt = '2011 CERNET 华东北
地区年会' /></a></h1>
4       </div>
5   </div>
```

为 2 个图层定义样式，格式如下：

• id 为 header 的样式。

```
#header {width: 960px;height: 92px;margin: 0 auto;}
```

• id 为 logo 的 样式。

```
#logo {float: left;}
#logo h1{float: left;}
#logo h1 {padding - top: 30px;font - size: 34px;font - weight: normal;}
#logo a {text - decoration: none;color: #000000;}
```

• img 标记样式。

```
img {border: none;}
```

应用 id 为 header、logo、img 的 CSS 样式后网页效果如图 2-2-3 所示。

图 2-2-3 2011 CERNET 年会网站头部效果图

② 导航菜单设计。

导航菜单由 1 个 DIV 构成，采用水平式菜单，由无序列表和超链接组合实现。其 HTML 文件中 DIV 结构如下：

```
1   <div id = "menu">
2       <ul>
```

```
3          <li class = "active"><a href = "index.html"><b>首页</b></a></li>
4          <li><a href = "introduction.html"><b>会议介绍</b></a></li>
5          <li><a href = "newslist.html"><b>新闻</b></a></li>
6          <li><a href = "schedule.html"><b>日程安排</b></a></li>
7          <li><a href = "traffic.html"><b>交通</b></a></li>
8          <li><a href = "download.html"><b>资料下载</b></a></li>
9          <li><a href = "register.html"><b>注册</b></a></li>
10         <li><a href = "contacts.html"><b>联系方式</b></a></li>
11      </ul>
12 </div>
```

为这个图层定义样式,格式如下:

- id 为 menu 的样式。

```
1   #menu {width: 960px;height: 30px;margin: 0 auto;}
2   #menu ul {margin: 0;list - style - type: none;line - height: normal;}
3   #menu li{display:block;float:left;margin - right:1px;padding:0;background: #FFFFFF;}
4   #menu a {display:block;float: left; text - decoration: none;color: #666666;background:
url("img/img07.gif") no - repeat; }
5   #menu a:hover {color: #1777B1;}
6   #menu b {display: block;float: left;height: 23px;padding: 7px 20px 0 20px;background: url
("img/img08.gif") no - repeat right top;}
7   #menu li.active {background: #CFCECE url("img/img04.gif") repeat - x;}
8   #menu li.active a {background: url("img/img06.gif") no - repeat right top; color:
#C90404;}
9   #menu li.active b {background: url("img/img05.gif") no - repeat;}
```

导航菜单中"方角矩形"背景效果实现原理:采用背景颜色和背景图片来实现。预先设计
3×3 像素的小图片,如图 2-2-4(a)左上角图(img07.gif)、图 2-2-4(b)右上角图(img08.gif);如
图 2-2-5(b)左上角图(img06.gif)、图 2-2-5(c)右上角图(img05.gif)所示;再设计 1×30 像
素的彩色条,如图 2-2-5(a)彩色条(img04.gif)所示。

menu 样式中第 1 行定义菜单的显示区域。

menu 样式中第 2 行定义无序列表的显示风格。

menu 样式中第 3 行定义列表项的显示风格。

menu 样式中第 4~6 行定义默认状态下超链接的菜单的显示风格;其中第 4 行产生方
角矩形的左上角效果,第 5 行定义鼠标盘旋时前景色,第 6 行产生方角矩形的右上角效果。
应用 id 为 menu 的 CSS 样式后,导航菜单的效果如图 2-2-4 所示。

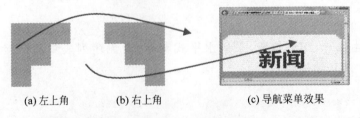

(a)左上角   (b)右上角   (c)导航菜单效果

图 2-2-4 默认状态下导航栏目制作系列图片及效果图

menu 样式中第 7～9 行定义激活状态下超链接的菜单的显示风格；其中第 7 行利用背景图片 img04.jpg 在 X 方向上重复，产生浅灰白色的矩形块；第 8 行产生方角矩形的左上角效果，第 9 行产生方角矩形的右上角效果。应用 id 为 menu 的 CSS 样式后，导航菜单的效果如图 2-2-5 所示。

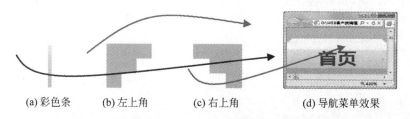

(a) 彩色条   (b) 左上角   (c) 右上角   (d) 导航菜单效果

图 2-2-5　激活状态下导航栏目制作系列图片及效果图

综合应用上述 CSS 样式后，可以产生方角矩形菜单，如图 2-2-6 所示。

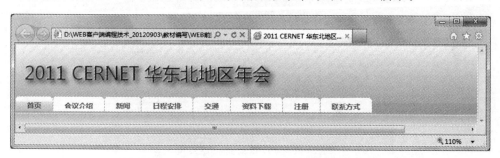

图 2-2-6　2011 CERNET 年会网站头部导航菜单效果图

③ 主体页面设计。

主体页面中 id 为 page 图层被分成左、右 2 个 DIV，图层 id 分别是 content-left、content-right，每个 DIV 中又嵌套 2 个 DIV，其 HTML 中 DIV 结构如下：

```
1   < div id = "page">
2       < div id = "content - left">
3           < div id = "feature" class = "box - orange">
4               < h2 class = "section"><b>会议概要</b></h2>
5               < div class = "content">
6                   < p >2011 年 CERNET 华东北地区教育信息化技术研讨大会< br /> 时间：2011
年 4 月 24 日至 4 月 26 日< br /> 地点：江苏省无锡市< br /> 会议主题：云计算及其应用< br /> 主
办：CERNET 华东北地区网络中心、CERNET 山东省网络中心、CERNET 安徽省网络中心< br /> 承办：江
南大学</p>
7               </div>
8           </div>
9           < div class = "box - blue">
10              < h2 class = "section"><b>会议简介</b></h2>
11              < div class = "content">
12                  < p >              2011 年 4 月 24 - 26 日，由
CERNET 华东北地区网络中心、CERNET 安徽省网络中心、CERNET 山东省网络中心主办,江南大学承办的
中国教育和科研计算机网(CERNET)2011 年华东北地区教育信息化技术研讨会在美丽的无锡江南大
```

285

学召开.本次大会的主题为 ——云计算及其应用.主要议题包括：云计算概念、模型和关键技术；云存储技术；云计算在教育信息化领域的应用等.会议邀请 CERNET 专家、国内高校及企业界专家作专题报告,并开展与会学校有关工作的大会交流.</p>

```
13                <p class = "myright"><a href = "introduction.html">详细...</a></p>
14            </div>
15        </div>
16    </div>
17    <div id = "content - right">
18        <div class = "box - blue">
19            <h2 class = "section"><b>会议动态</b></h2>
20            <div class = "content">
21                <ul class = "list">
22                    <li><a href = "huiyizl.html">公布会议资料 (2011 - 05 - 03)</a></li>
23                    <li><a href = "huiyirc.html">公布会议日程安排 (2011 - 04 - 20)</a></li>
24                    <li><a href = "huiyidd.html">公布会议详细地点 (2011 - 04 - 14)</a></li>
25                    <li><a href = "huiyitz.html">公布会议通知 (2011 - 04 - 06)</a></li>
26                </ul>
27            <p class = "myright"><a href = "newslist.html">更多...</a></p>
28            </div>
29        </div>
30        <div class = "box - pink">
31            <h2 class = "section"><b>赞助商</b></h2>
32            <div class = "content">
33                <table><tr>
34                    <td class = "mytable"><a href = "http://www.h3c.com.cn/" onclick = "xPopup(this.href);return false;"><img src = "img/H3C.png" alt = "杭州华三通信技术有限公司" width = "80" /></a></td>
35                    <td class = "mytable"><a href = "http://china.emc.com/" onclick = "xPopup(this.href);return false;"><img src = "img/EMC.png" alt = "EMC" width = "80" /></a></td>
36                    <td class = "mytable"><a href = "http://www.chinaskycloud.com/" onclick = "xPopup(this.href);return false;"><img src = "img/SKYCLOUD.png" alt = "北京天云科技有限公司" width = "80" /></a></td>
37                </tr></table>
38            </div>
39        </div>
40    </div>
41    <div style = "clear: both;"> </div>
42 </div>
```

为这个页面的所有图层定义样式,格式如下：

- id 为 page 的样式。

```
#page {width: 960px;margin: 0 auto;padding: 30px 0 0;}
```

- id 为 content-left、content-right 的样式。

```
#content-left {float: left;width: 600px;}
#content-right {float: right;width: 320px;}
```

- id 为 content 的样式。

```
#content {float: left;width: 520px;}
#content_main {float: left;margin: 0 0 0 0;padding: 0 0 0 0;width: 940px;}
#content-left {float: left;width: 600px;}
#content-right {float: right;width: 320px;}
```

- id 为 feature 的样式。

```
#feature {margin-bottom: 20px;}
```

- 彩色条纹样式。

```
/* Boxes 产生各种颜色的彩色方角矩形条带 */
.box-orange {background: url("img/img09.gif") repeat-x;}
.box-orange .section {background: url("img/img11.gif") no-repeat right top;font-size:
100%;color: #FFFFFF;}
.box-orange .section b {display: block;height: 23px; padding: 7px 0 0 10px;background: url
("img/img10.gif") no-repeat;}
.box-orange .content {padding: 20px;}
.box-blue {background: url("img/img13.gif") repeat-x;}
.box-blue .section {background: url("img/img15.gif") no-repeat right top;
font-size: 100%;color: #FFFFFF;}
.box-blue .section b {display: block;height: 23px; padding: 7px 0 0 10px;background: url
("img/img14.gif") no-repeat;}
.box-blue .content {padding: 20px;}
.box-pink {background: url("img/img17.gif") repeat-x;}
.box-pink .section {background: url("img/img19.gif") no-repeat right top;font-size:
100%;color: #FFFFFF;}
.box-pink .section b {display: block;height: 23px; padding: 7px 0 0 10px;background: url
("img/img18.gif") no-repeat;}
.box-pink .content {padding: 20px;}
```

- 类 mytable 的样式。

```
.mytable {background: #FFFFFF; border-width: 1px 1px 1px 1px;
padding: 4px 4px 4px 4px; border-style: solid solid solid solid;border-color: #bcd6eb;}
```

主体网页中各种颜色方角矩形彩色条带的产生原理与导航菜单相同,在此不再重复。
应用上述 CSS 样式后,页面效果如图 2-2-7 所示。

④ 首页版权区设计。

版权区只有 1 个图层,其中插入 2 个段落,注明使用免费 CSS 模板的链接信息和
XHMTL 脚本验证信息。其 HTML 中的 DIV 结构如下:

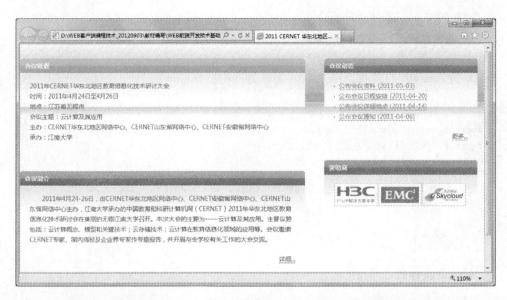

图 2-2-7　2011 CERNET 年会网站主体部分效果图

```
1  <div id="footer">
2      <p id="legal">苏 ICP 备 188665 号   &copy; CERNET 华东北地区网络中心
 &bull; Design with <a href="http://www.freecsstemplates.org/" onclick="xPopup
(this.href);return false;"> Free CSS Templates </a>  &amp; <a href="http://
everaldo.com/" onclick="xPopup(this.href);return false;"> Everaldo.com </a></p>
3      <p id="links"><a href="http://validator.w3.org/check/referer" title="This page
validates as XHTML 1.0 Transitional"><abbr title="eXtensible HyperText Markup Language">
XHTML</abbr></a> | <a href="http://jigsaw.w3.org/css-validator/check/referer" title=
"This page validates as CSS"><abbr title="Cascading Style Sheets">CSS</abbr></a></p>
4  </div>
```

为这个页面的所有图层定义样式,格式如下:

• id 为 footer 的样式。

```
#footer {height:100px;padding:20px;background:#DDDDDD;
border-top:1px solid #999999;}
#footer p {margin:0;text-align:center;font-size:85%;}
```

应用上述 CSS 样式后,页面效果如图 2-2-8 所示。

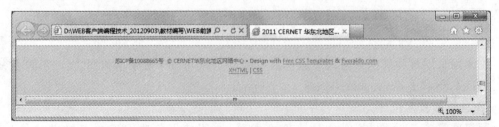

图 2-2-8　2011 CERNET 年会网站版权区效果图

2) 会议介绍页面

（1）页面布局分析。

会议介绍页面布局与首页布局相似，如图 2-2-9 所示，网站 Logo 区（含导航菜单区）、主体区（左侧区、右侧区）、版权区，除主体区域与网站首页略有差异，其他均相同，所以这里仅介绍差异之处。

图 2-2-9　会议介绍页面部分截图

页面布局如表 2-2-3 所示。

表 2-2-3　页面布局

Logo 区	
Nav menu 导航菜单区	
左侧图片新闻区	右侧区域
版权区	

（2）页面布局 HTML 代码。

根据表 2-2-3 所示的页面布局，编写对应的 DIV 结构如下：

```
1  < div id = "header">
2      < div id = "logo">  </div>
3  </div>
4  < div id = "menu"></div>
5  < div id = "page">
```

```
 6        < div id = "content - left">
 7            < div id = "feature" class = "box - blue">
 8                < div class = "content">     </div>
 9            </div>
10        </div>
11        < div id = "content - right">
12            < div class = "box - blue">
13                < div class = "content"></div>
14            </div>
15            < div class = "box - pink">
16                < div class = "content"> </div>
17            </div>
18        </div>
19        < div style = "clear: both;">  </div>
20    </div>
21 < div id = "footer"> </div>
```

从上述的 DIV 结构看,基本上与首页 DIV 相近,只是 content-left 图层有差异。从第 6 行～第 10 行,图层结构简单,图层中只是段落与图片对应展示,其 HTML 页面代码如下:

```
 1  < div class = "content">
 2      < p>2011 年 4 月 24 - 26 日,由 CERNET 华东北地区网络中心、…</p>
 3      < p class = "mycenter">< img alt = "会场 01" height = "300" src = "img_2/g001.png" width = "400" /></p>
 4      < p>此次会议主题是 &ldquo;云计算及其应用 &rdquo;…</p>
 5      < p class = "mycenter">< img alt = "会场 02" height = "400" src = "img_2/g002.png" width = "300" /></p>
 6      < p>会议期间,与会代表们还对云计算在教育网中的运用展开了讨论,并参观了中国物联网云计算中心…</p>
 7      < p class = "mycenter">< img alt = "会场 03" height = "300" src = "img_2/g003.png" width = "400" /></p>
 8      < p>2011 年 CERNET 华东北地区教育信息化技术研讨大会胜利闭幕了,…  </p>
 9      < p class = "mycenter">< img alt = "会场 04" height = "300" src = "img_2/g004.png" width = "400" /></p>
10  </div>
```

对这个页面进行 CSS 样式控制,其定义如下:
• mycenter 样式。

```
.mycenter {text - align: center;}
```

其余样式的定义同首页,此处不再赘述。应用样式后预览页面缩小效果如图 2-2-10 所示。

3)新闻页面

新闻页面如图 2-2-11 所示,与首页布局风格相同,只是主体区内容不同而已,主要是以超链接方式呈现会议相关信息,其页面实现起来比较容易。

图 2-2-10　会议介绍页面

"Web 前端开发技术"课程设计

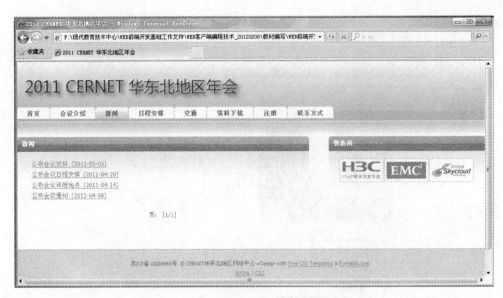

图 2-2-11　新闻页面

　　新闻页面中主体区内容较少,左边为"新闻",右边为"赞助商",应用样式同首页,其实现的 HTML 代码如下:

```
1    <div id="page">
2       <div id="content-left">
3          <div id="feature" class="box-blue">
4             <h2 class="section"><b>新闻</b></h2>
5                <div class="content">
6                <ul class="list">
7                   <li><a href="huiyizl.html">公布会议资料 </a></li>
8                   <li><a href="huiyirc.html">公布会议日程安排 </a></li>
9                   <li><a href="huiyidd.html">公布会议详细地点 </a></li>
10                  <li><a href="huiyitz.html">公布会议通知 </a></li>
11             </ul>
12             <p class="mycenter">  页:  [1/1]  </p>
13             </div>
14          </div>
15       </div>
16       <div id="content-right">
17          <div class="box-pink">
18             <h2 class="section"><b>赞助商</b></h2>
19                <div class="content">
20                <table><tr>
21                   <td class="mytable"><a href="http://www.h3c.com.cn/" onclick="xPopup(this.href);return false;"><img src="img/H3C.png" alt="杭州华三通信技术有限公司" width="80" /></a></td>
22                   <td class="mytable">…</td>
23                   <td class="mytable">…</td>
24                </tr></table>
```

```
25                    </div>
26                </div>
27            </div>
28    <div style = "clear: both;"> </div>
29 </div>
```

4）日程安排页面

日程安排页面布局如图 2-2-12 所示，与会议介绍页面布局相同，只是主体区中 id 为 content-left 的 DIV 里主要是以表格方式呈现会议日程具体安排。

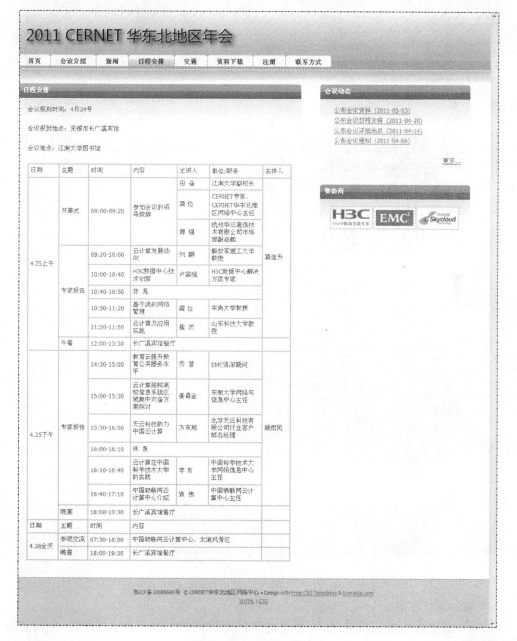

图 2-2-12　日程安排页面

日程安排页面的 HTML 代码中 DIV 结构与 CSS 样式同首页,其页面布局分析和实现的 HTML 代码可参照上述相同的方法来实现,在此略去。

5) 交通页面

会议交通页面如图 2-2-13 所示,主要是向参会者提供参会的主要交通方式及费用说明,页面布局同会议介绍页面。HTML 页面中 DIV 结构及 CSS 样式同首页,代码略去。

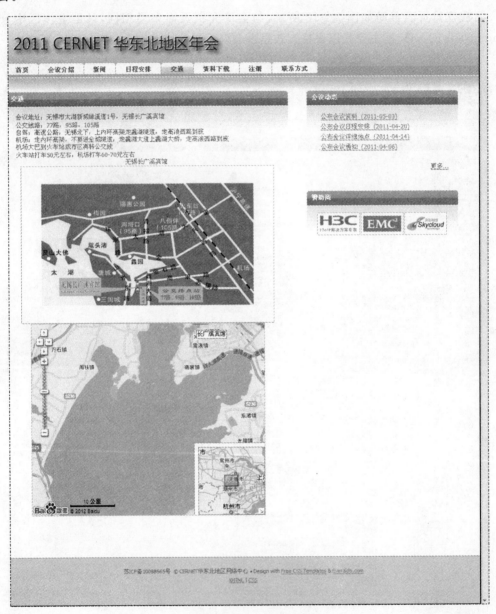

图 2-2-13　交通页面

6) 资料下载页面

资料下载页面如图 2-14 所示,主要是提供会议资源清单,供下载学习使用,采用超链接方式即可实现,其页面布局同会议介绍页面相同,其实现 HTML 及 CSS 样式的代码此处略去。

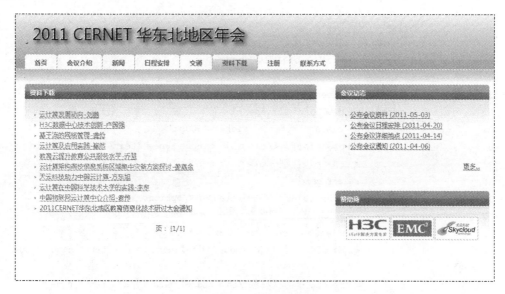

图 2-2-14　资料下载页面

7）会议注册页面

会议注册页面如图 2-2-15 所示,为参加会议的代表提供在线注册的功能,通过网上注册形成会议通讯录,便于参会人员会后交流。主要通过表单和表单元素来实现,注册按钮的功能主要是进行数据有效性验证。

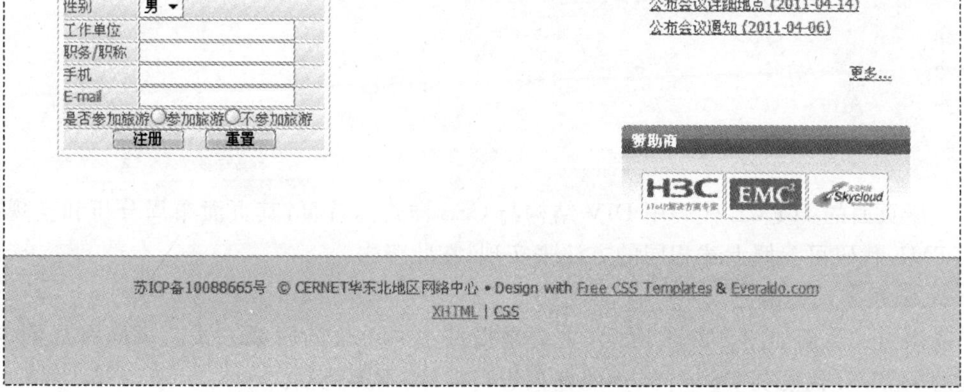

图 2-2-15　会议注册页面

在注册页面中主体左侧 id 为 content-left 的 DIV 结构中，主要包含 1 个表单，在表单中又嵌套 1 个 8 行 2 列的表格，用于设计注册信息，其实现的关键 HTML 代码如下：

```
1   < div id = "content - left">
2       < div id = "feature" class = "box - orange">
3           < h2 class = "section"><b>注册</b></h2>
4           < div class = "content">
5               < p class = "mycenter">
6               < form method = "post" action = "">
7                   < table class = "mytable" width = "300px">
8                       <tr><td>姓名</td><td>< input type = "text" name = ""></td></tr>
9                       <tr><td>性别</td><td><
10                      select name = "">
11                      < option value = "" selected>男</option>
12                      < option value = "">女</option>
13                      </select></td> </tr>
14                      <tr><td>工作单位</td><td>< input type = "text" name = ""></td></tr>
15                      <tr><td>职务/职称</td><td>< input type = "text" name = ""></td></tr>
16                      <tr><td>手机</td><td>< input type = "text" name = ""></td></tr>
17                      <tr><td>E - mail</td><td>< input type = "text" name = ""></td></tr>
18                      <tr><td colspan = "2">是否参加旅游
19                      < input type = "radio" name = "ly" >参加旅游
20                      < input type = "radio" name = "ly">不参加旅游
21                      </td></tr>
22                      <tr><td colspan = "2" align = "center">
23                       < input type = "button" value = "注册" onclick = "" style = "width:
        80px;height:1.5em;">    
24                      < input type = "reset" style = "width:80px;height:1.5em;" >
25                      </td></tr>
26                  </table>
27              </form>
28              </p>
29          </div>
30      </div>
31  </div>
```

注册页面的 HTML 代码中 DIV 结构与 CSS 样式同首页，其页面布局分析和实现的其他 HTML 代码可参照上述相同的方法来实现，在此略去。

8) 联系方式页面

联系方式页面如图 2-2-16 所示，主要是提供主办单位的联系方式。页面布局同前，其实现的 HTML 代码及 CSS 样式参照首页进行设计，不再重复。

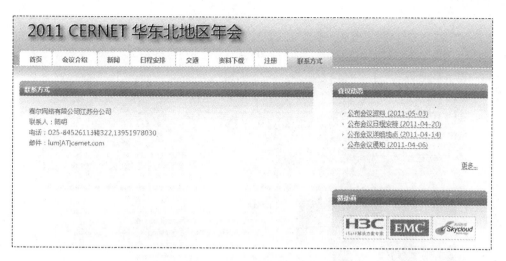

图 2-2-16　联系方式页面

课题 3　推荐及自选网站

1. ZLMS 学习管理系统网站

地址为 http://www.zlms.org/index.html，如图 2-3-1 所示。

图 2-3-1　ZLMS 学习管理系统网站

2. 中国计算机学会 CFF 奖励网

地址为 http://www.ccf.org.cn/sites/ccf/ccfawards.jsp，如图 2-3-2 所示。

图 2-3-2　中国计算机学会 CFF 奖励网

3. CNCC2012 中国计算机大会

地址为 http://conf. ccf. org. cn/ccice/foreground/viewIndex. action? conferenceId = 27,如图 2-3-3 所示。

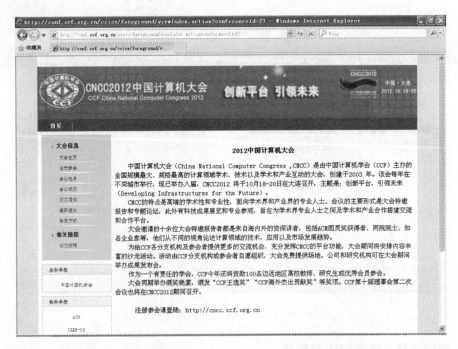

图 2-3-3　CNCC2012 中国计算机大会网

4. 华南师范大学教育传播学精品课程申报网

地址为 http://202.116.45.198/jycbx/jpkcnew/index.html，如图 2-3-4 所示。

图 2-3-4　华南师范大学教育传播学精品课程申报网

5. 自选题

以高校行政部门、院、系、班级或专题活动为网站为选题，自行组成 1 或 2 人开发小组，独立完成各类部门网站、专题网站等类似网站的课程设计任务，设计的导航菜单至少为 6～8 个，总页面至少 8 个以上。

参 考 文 献

[1] 朱印宏.CSS 商业网站布局之道.北京：清华大学出版社,2007.

[2] 于坤,周大庆.JavaScript 基础与案例开发详解.北京：清华大学出版社,2009.

[3] 施伟伟,冯梅,张蓓.JavaScript 高级程序设计与应用实例.北京：人民邮电出版社,2007.

[4] 梁胜民,肖新峰,王占中等.CSS、XHTML、JavaScript 完全学习手册.北京：清华大学出版社,2008.

[5] 张永强,郑娅峰.网页设计与开发——HTML、CSS、JavaScript 实例教程习题解答与实验指导.北京：清华大学出版社,2011.